ゼロからはじめる【ギャラクシー エストゥエンティフォー／ウルトラ】

Galaxy S24 /Ultra スマートガイド

【Galaxy S24 / S24 Ultra】

ドコモ／au／SIMフリー対応版

docomo au SIMフリー

技術評論社編集部 著

技術評論社

CONTENTS

Chapter 1
Galaxy S24/S24 Ultra のキホン

Chapter 2
電話の便利機能、メールやインターネットを利用する

Chapter 3
Google のサービスを利用する

Chapter 4
便利な機能を使ってみる

CONTENTS

Chapter 5
独自機能を使いこなす

Chapter 6
S24/S24 Ultraを使いやすく設定する

ご注意：ご購入・ご利用の前に必ずお読みください

●本書に記載した内容は、情報の提供のみを目的としています。したがって、本書を用いた運用は、必ずお客様自身の責任と判断によって行ってください。これらの情報の運用の結果について、技術評論社および著者、アプリの開発者はいかなる責任も負いません。

●ソフトウェアに関する記述は、特に断りのない限り、2024年5月現在での最新バージョンをもとにしています。ソフトウェアはバージョンアップされる場合があり、本書での説明とは機能内容や画面図などが異なってしまうこともあり得ます。あらかじめご了承ください。

●本書は以下の環境で動作を確認しています。ご利用時には、一部内容が異なることがあります。あらかじめご了承ください。また、本文中の操作の説明は、SCG26の取扱説明書に準拠しています。
端末：Galaxy S24 SC-51E、Galaxy S24 Ultra SCG26
パソコンのOS：Windows 11

●インターネットの情報については、URLや画面などが変更されている可能性があります。ご注意ください。

以上の注意事項をご承諾いただいたうえで、本書をご利用願います。これらの注意事項をお読みいただかずに、お問い合わせいただいても、技術評論社は対処しかねます。あらかじめ、ご承知おきください。

Chapter 1

Galaxy S24/S24 Ultraのキホン

Section 01

Galaxy S24/S24 Ultraについて

Galaxy S24（以降S24）とGalaxy S24 Ultra（以降S24 Ultra）は、サムスンが製造しているAndroidスマートフォンです。高機能カメラにより、手軽に美しい写真を撮影することができます。

1

S24とS24 Ultraの違い

本書の解説は、Galaxy S24とGalaxy S24 Ultraの両方に対応しています。両者は、大きさやディスプレイが異なりますが、一番大きな違いは、カメラモジュールとSペン（Sec.44～48参照）の搭載の有無です。本書では主にS24 Ultraを使用して機能を解説しますが、S24で機能が異なる場合は、都度注釈を入れています。

●S24のカメラモジュール

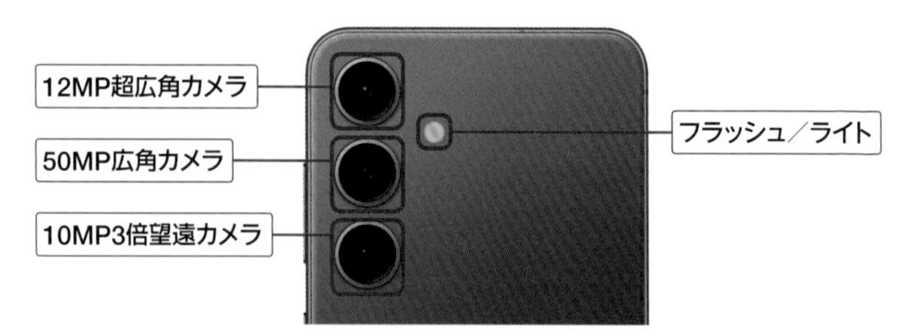

●S24 Ultraのカメラモジュール

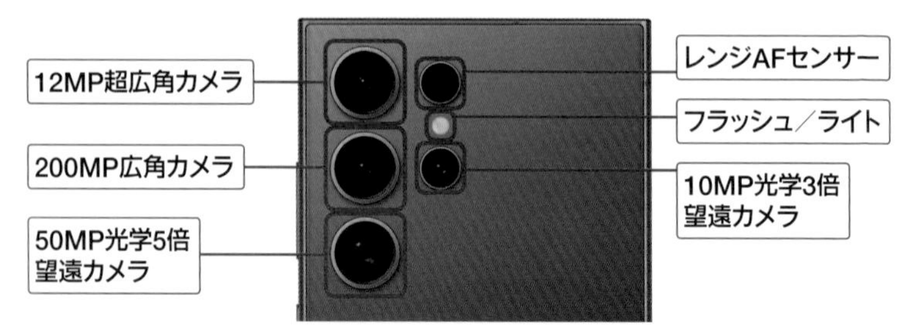

ドコモ版とau版、SIMフリー版の違い

本書の解説は、ドコモ版とau版、Samsungオンラインショップで販売されているSIMフリー版に対応しています。操作をする上で、それぞれの一番大きな違いは、ホーム画面のアプリがドコモ版は「docomo LIVE UX」、au版とSIMフリー版が「One UI ホーム」を採用していることです。このためホーム画面の操作や、「アプリ一覧」画面の表示方法が異なります。本書ではau版とSIMフリー版の「One UI ホーム」を基本に解説しますが、ドコモ版で操作が異なる場合は、都度注釈を入れています。

●ドコモ版

1 ホーム画面で、⊞をタップします。

2 「アプリ一覧」画面が表示されます。アイコンをタップすると、アプリが起動します。

●au版とSIMフリー版

1 ホーム画面を上方向にフリックします。

2 「アプリ一覧」画面が表示されます。アイコンをタップすると、アプリが起動します。

MEMO ドコモ版をOne UIホームにする

ドコモ版でOne UIホームを利用するには、「設定」アプリを起動し、[アプリ]→[標準アプリを選択]→[ホームアプリ]の順にタップし、[One UIホーム]をタップします。

Section 02

電源のオン・オフとロックの解除

電源の状態にはオン、オフ、スリープモードの3種類があります。3つのモードはすべてサイドキーで切り替えが可能です。一定時間操作しないと、自動でスリープモードに移行します。

1

ロックを解除する

① スリープモードでサイドキーを押すか、ディスプレイをダブルタップします。

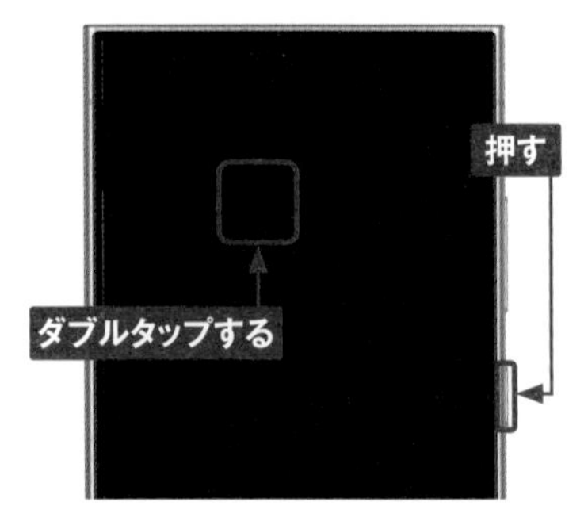

② ロック画面が表示されるので、PIN（Sec.41参照）などを設定していない場合は、画面をスワイプします。

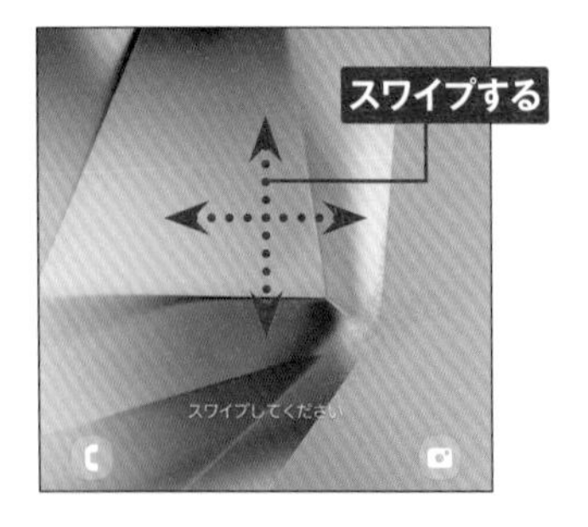

③ ロックが解除され、ホーム画面が表示されます。再度サイドキーを押すとスリープモードになります。

MEMO **スリープモードとは**

スリープモードは画面の表示が消えている状態です。バッテリーの消費をある程度抑えることはできますが、通信などは行っており、スリープモードを解除すると、すぐに操作を再開することができます。また、操作をしないと一定時間後に自動的にスリープモードに移行します。

電源を切る

① 画面が表示されている状態で、サイドキーを長押しします。

② メニューが表示されるので、[電源OFF] をタップします。

③ 次の画面で [電源OFF] をタップすると、電源がオフになります。電源をオンにするには、サイドキーを一定時間長押しします。

MEMO ロックダウンモードを利用する

ロックダウンモードとは、生体認証（Sec.41参照）でのロック解除を無効にする機能です。画面ロックにPINかパスワード、パターンを設定後、「設定」アプリで [ロック画面] → [安全ロック設定] → [ロックダウンオプションを表示] の順にタップすることで、手順②の画面に「ロックダウンモード」というメニューが追加され、タップすると有効になります。ロックダウンモードは一度ロックを解除すると、無効になります。再び有効にするには、再度同じ操作をします。

Section 03

基本操作を覚える

S24とS24 Ultraの操作は、タッチスクリーンと本体下部のボタンを、指でタッチやスワイプ、またはタップすることで行います。ここでは、ボタンの役割、ホーム画面の操作を紹介します。

1

ボタンの操作

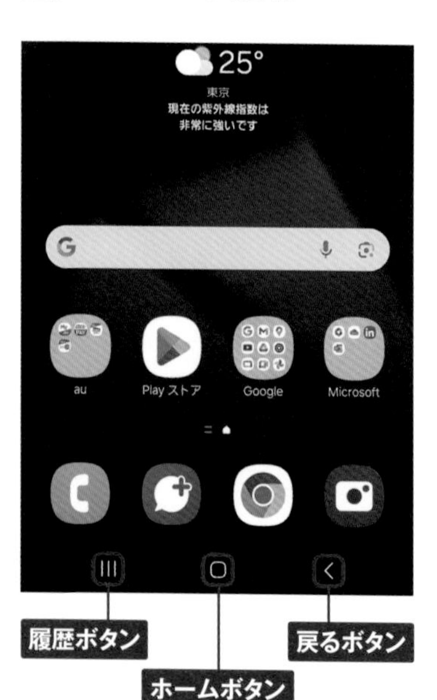

MEMO スワイプジェスチャーを利用する

スワイプジェスチャーを利用することもできます。「設定」アプリを起動し、[ディスプレイ] → [ナビゲーションバー] をタップすると、ナビゲーションボタンのタイプが選択できます。[スワイプジェスチャー] を選択すると、画面のように最下部にバーのみが表示されるようになり、画面を広く使えるようになります(Sec.59参照)。

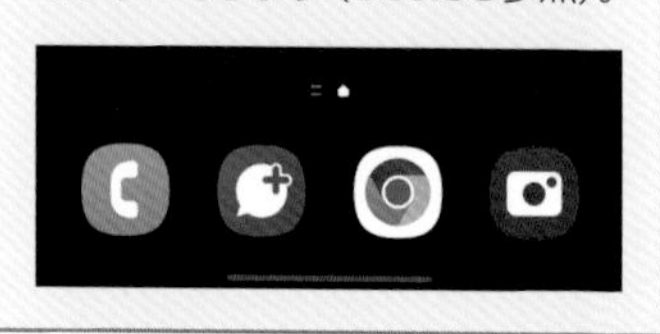

キーアイコン	
戻るボタン＜	1つ前の画面に戻ります。
ホームボタン○	ホーム画面が表示されます。一番左のホーム画面以外を表示している場合は、一番左の画面に戻ります。長押しで「かこって検索」(Sec.49参照) が起動します。
履歴ボタン III	最近操作したアプリのリストがサムネイル画面で表示されます (P.17参照)。

 ホーム画面の見かた（One UIホームの場合）

Section 04

情報を確認する

画面上部に表示されるステータスバーには、さまざまな情報がアイコンとして表示されます。ここでは、表示されるアイコンや通知の確認方法、通知の削除方法を紹介します。

ステータスバーの見かた

2:32　5G 100%

通知アイコン

不在着信や新着メール、実行中の作業などを通知するアイコンです。

ステータスアイコン

電波状況やバッテリー残量、現在の時刻など、主に本体の状態を表すアイコンです。

通知アイコン		ステータスアイコン	
	新着+メッセージ／新着SMSあり		マナーモード（バイブ）設定中
	不在着信あり		マナーモード（サイレント）設定中
	スクリーンショット完了		無線LAN（Wi-Fi）通信状態
	データダウンロード中	5G	データ通信状態
	アプリケーションのインストール完了		充電中
	アラーム通知あり		機内モード設定中

通知パネルを利用する

1 通知を確認したいときは、ステータスバーを下方向にスライドします。

2 通知パネルに通知が表示されます。なお、通知はロック画面の時計の下部に表示されるアイコンをダブルタップしても確認できます。通知をタップすると、対応アプリが起動します。通知パネルを閉じるときは、上方向にフリックします。

通知パネルの見かた

❶	日付と時刻が表示されます。
❷	タップすると、「設定」アプリが起動します。
❸	クイック設定パネル。ボタンをタップして各機能のオン／オフを切り替えます。画面を下にフリックすると、ほかのクイック設定ボタンが表示されます。
❹	左右にスライドして明るさを調整できます。
❺	通知や本体の状態が表示されます。左右にスワイプすると、通知を消去できます。
❻	タップすると、通知をブロックするアプリを選択できます。
❼	通知を消去します。通知の種類によっては消去できないものがあります。

Section 05

アプリを利用する

アプリを起動するには、ホーム画面、または「アプリ一覧」画面のアイコンをタップします。ここでは、アプリの終了方法や切り替えかたもあわせて覚えましょう。

1

アプリを起動する

① ホーム画面を表示し、One UIホームでは上方向にフリック、docomo LIVE UXでは⊞をタップします。

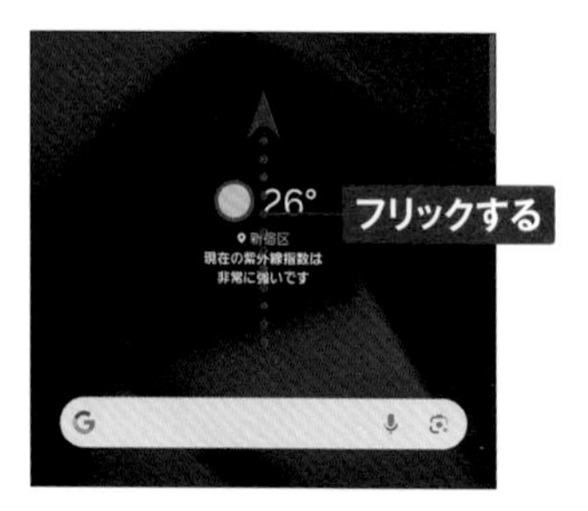

② 「アプリ一覧」画面が表示されたら、One UIホームでは画面を左右にフリック、docomo LIVE UXでは上下にスワイプし任意のアプリを探してタップします。ここでは、[Playストア] をタップします。

③ 「Playストア」アプリが起動します。アプリの起動中に＜をタップすると、1つ前の画面（ここでは「アプリ一覧」画面）に戻ります。

MEMO

アプリの起動方法

本体にインストールされているアプリは、ホーム画面や「アプリ一覧」画面に表示されます。アプリを起動するときは、ホーム画面のアプリのショートカットや「アプリ一覧」画面のアプリアイコンをタップします。

アプリを切り替える

1 アプリの起動中やホーム画面で|||をタップします。

2 最近使用したアプリが一覧表示されるので、利用したいアプリを、左右にフリックして表示し、タップします。

3 タップしたアプリが起動します。

MEMO **アプリの終了**

手順②の画面で、終了したいアプリを上方向にフリックすると、アプリが終了します。また、下部の［全て閉じる］をタップすると、起動中のアプリがすべて終了します。なお、あまり使っていないアプリは自動的に終了されるので、基本的にはアプリは手動で終了する必要はありません。

Section 06

文字を入力する

S24 ／ S24 Ultraでは、ソフトウェアキーボードで文字を入力します。「テンキー」（一般的な携帯電話の入力方法）と「QWERTY」を切り替えて使用できます。

1

文字入力方法

テンキー

かな入力

QWERTY

ローマ字入力

MEMO 2種類のキーボード

ソフトウェアキーボードの日本語入力は、ローマ字入力の「QWERTY」とかな入力の「テンキー」から選択することができます。なお「テンキー」は、トグル入力ができる「テンキーフリックなし」、トグル入力に加えてフリック入力ができる「テンキーフリック」、フリック入力の候補表示が上下左右に加えて斜めも表示される「テンキー 8フリック」から選択することができます。

キーボードの種類を切り替える

1 文字入力が可能な場面になると、キーボード（画面は「QWERTY」）が表示されます。⚙をタップします。

2 「Samsungキーボード」画面が表示されるので、［言語とタイプ］をタップします。

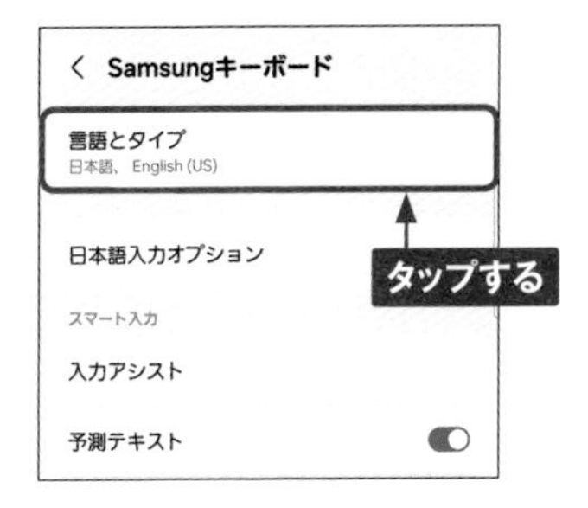

3 「言語とタイプ」画面が表示されます。ここでは、日本語入力時のキーボードを選択します。［日本語］をタップします。

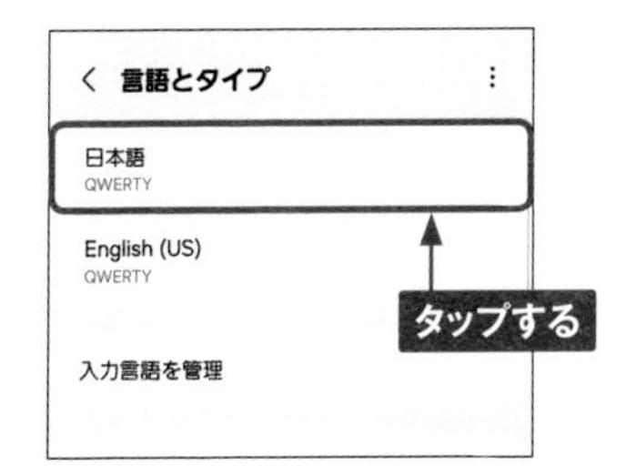

4 利用できるキーボードが表示されます。ここでは［テンキーフリックなし］をタップします。

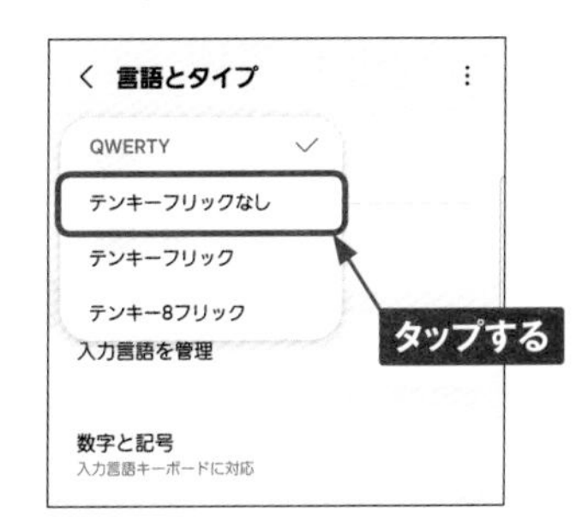

5 「言語とタイプ」画面の「日本語」欄が「テンキーフリックなし」に変わります。＜を2回タップします。

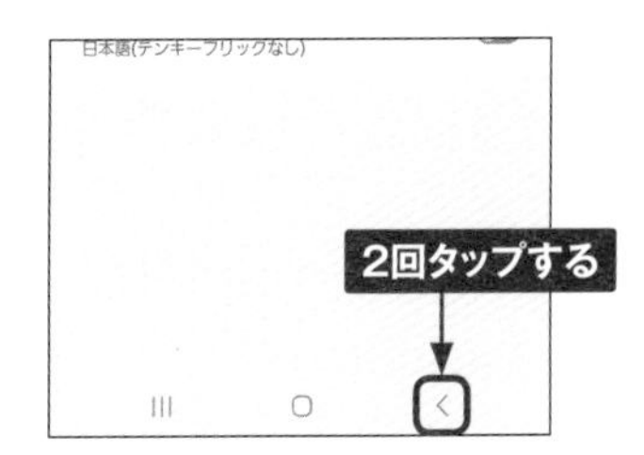

6 入力欄をタップすると、テンキーフリックなしキーボードが表示されます。なお、∨タップすると、キーボードが消えます。

文字種を切り替える

1 文字種を切り替えるときは、🌐をタップします。半角英数字の英語入力になります。キーボードは、P.19で設定したキーボードが表示されます（標準では「QWERTY」）。

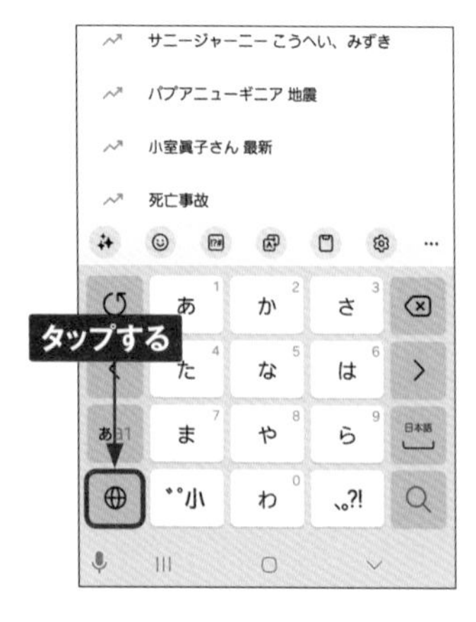

2 全角の英数字に切り替えてみましょう。⋯→［全角／半角］をタップします。

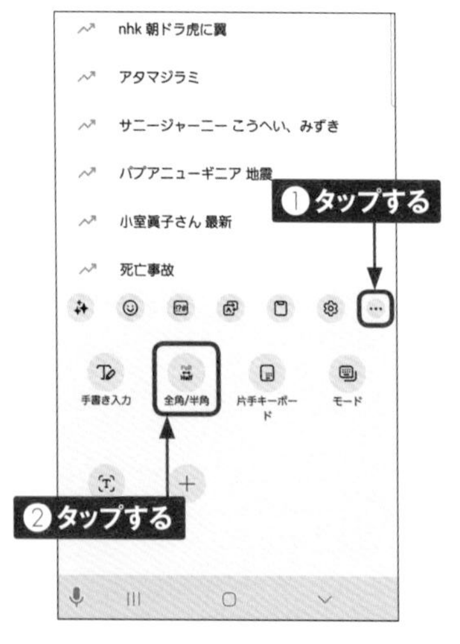

3 全角の英数字が入力できるようになります。同様の操作で半角に戻すことができます。

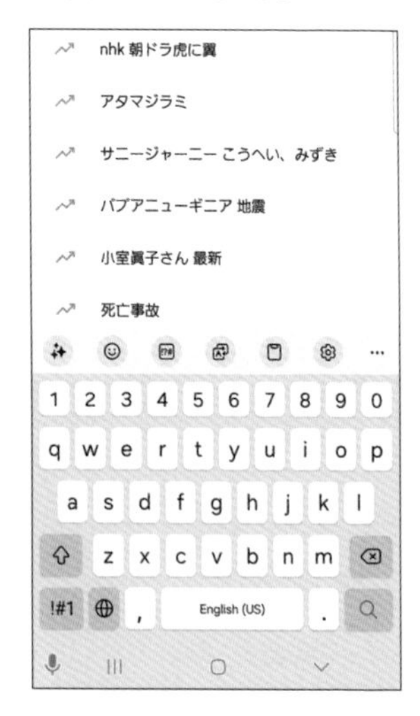

4 手順①の画面で、あa1をタップすると、英字入力→数字入力と切り替えられます。数字入力の画面であa1をタップすると、手順①のかな入力に戻ります。

片手用キーボードを利用する

① キーボード上部にアイコンが表示された状態で、…をタップします。

② ［片手キーボード］をタップします。

③ キーボードが右に寄って、片手で使いやすくなります。＜をタップして左右入れ替え、⤢をタップすると元に戻せます。

MEMO キーボードの大きさを変更する

手順②の画面で＋をタップすることで、キーボードメニューを追加することができます。［キーボードサイズ］を追加すると、キーボードの大きさや位置を変更できます。

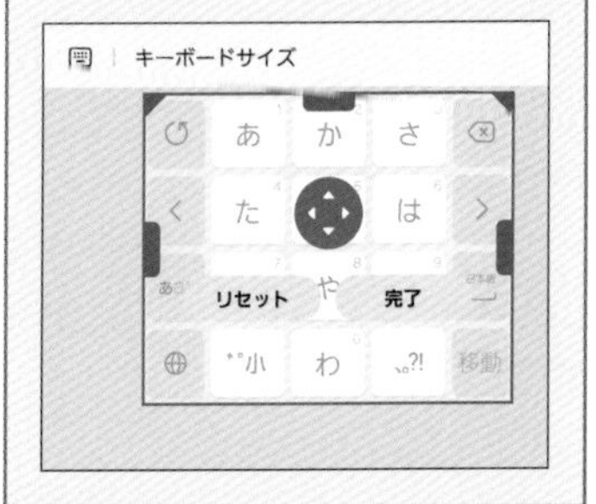

Section 07

テキストを コピー&ペーストする

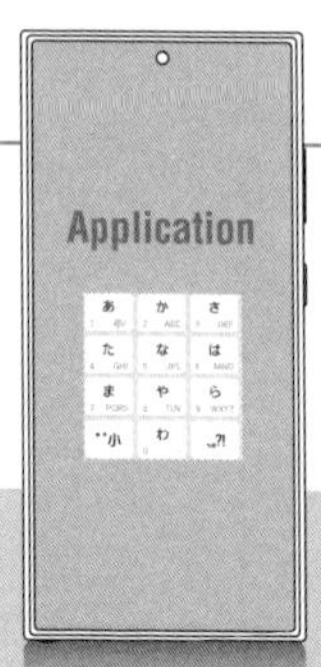

S24/S24 Ultraは、パソコンと同じように自由にテキストをコピー&ペーストできます。コピーしたテキストは、別のアプリにペースト（貼り付け）して利用できます。

1

テキストをコピーする

① コピーしたいテキストの辺りをダブルタップします。

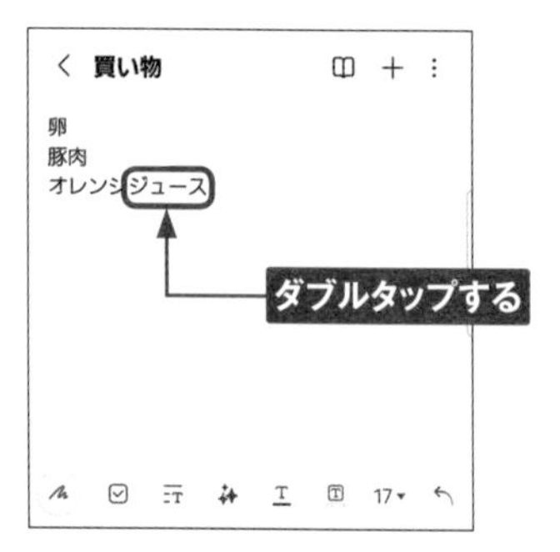

② テキストが選択されます。 と を左右にドラッグして、コピーする範囲を調整します。

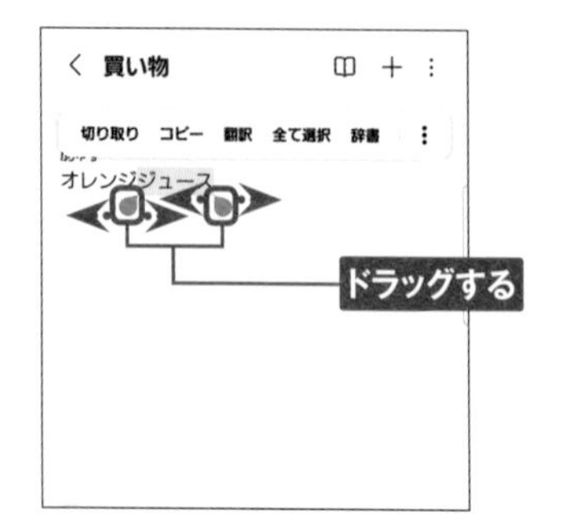

③ ［コピー］をタップすると、テキストがクリップボードにコピーされます。

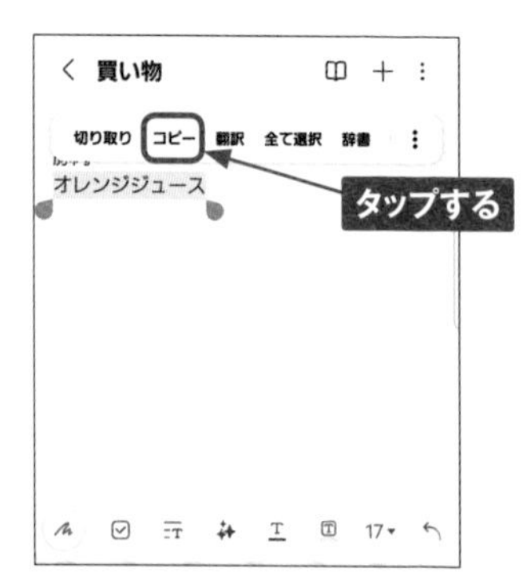

MEMO

Sペンで文字を選択する

S24 Ultraでは、Sペンのペンボタンを押しながら、画面の文字をなぞることで、文字を選択できます。この方法では、「設定」アプリのメニューの文字や、「YouTube」アプリの動画の説明など、通常は選択できない文字も選択できます。

コピーしたテキストをペーストする

① テキストをペースト（貼り付け）したい位置をロングタッチします。

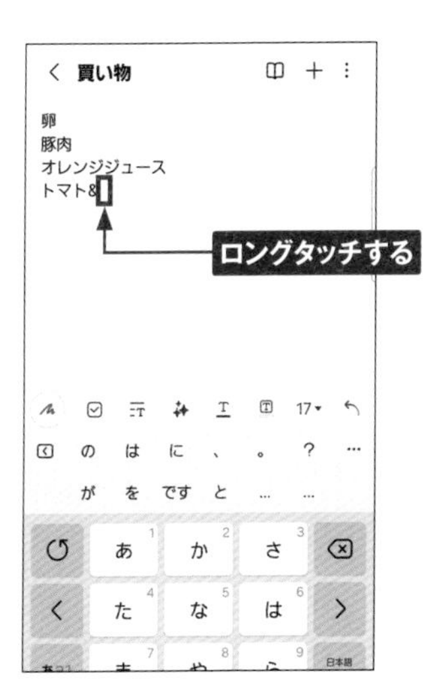

② ［貼り付け］をタップします。

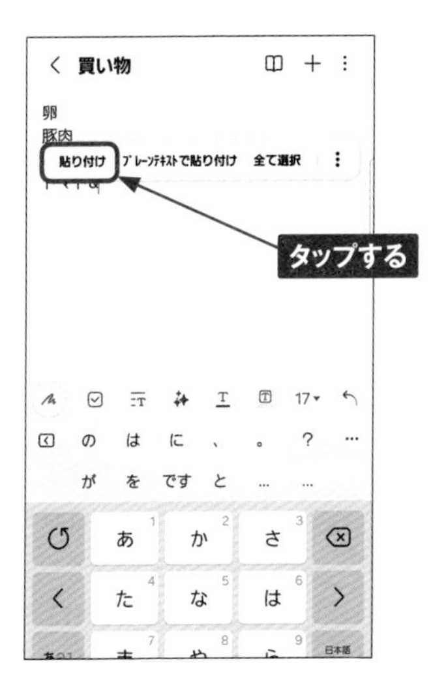

③ コピーしたテキストがペーストされます。

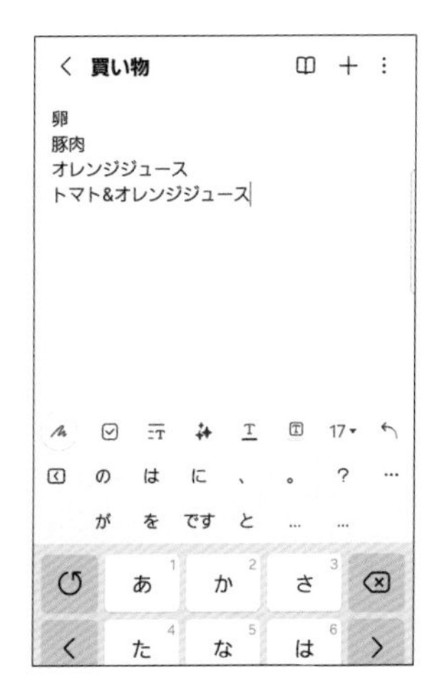

MEMO クリップボードからペーストする

コピーしたテキストや、画面キャプチャはクリップボードに保存されます。手順②の画面で、キーボードの上に表示されている をタップすると、クリップボードから以前にコピーしたテキストなどを呼び出してペースト（貼り付け）することができます。

Section 08

Wi-Fiに接続する

Wi-Fi環境があれば、モバイルネットワーク回線を使わなくてもインターネットに接続できます。Wi-Fiを利用することで、より快適にインターネットが楽しめます。

1

Wi-Fiに接続する

① ステータスバーを下方向にスライドして通知パネルを表示し、をロングタッチします。Wi-Fiがオンであれば、手順③の画面が表示されます。

② この画面が表示されたら、[OFF]をタップして、Wi-Fi機能をオンにします。なお、手順①の画面でをタップしても、オン／オフの切り替えができます。

③ 接続したいWi-FiのSSID（ネットワーク名）をタップします。

④ 事前に確認したパスワードを入力し、[接続]をタップすると、Wi-Fiに接続できます。

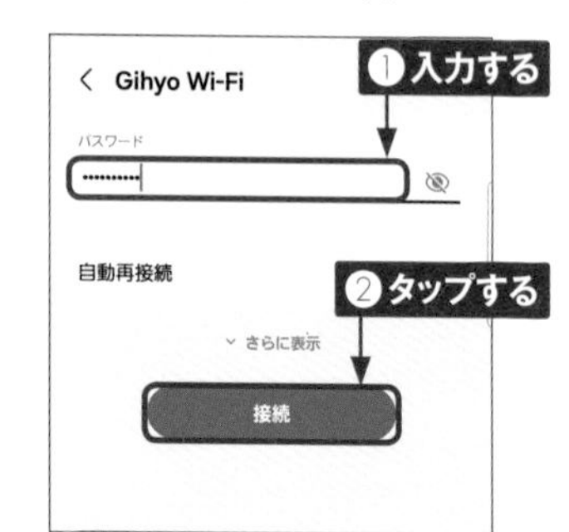

Wi-Fiを追加する

1 初めて接続するWi-Fiの場合は、P.24手順③の画面で［詳細］をタップし、［ネットワークを追加］をタップします。

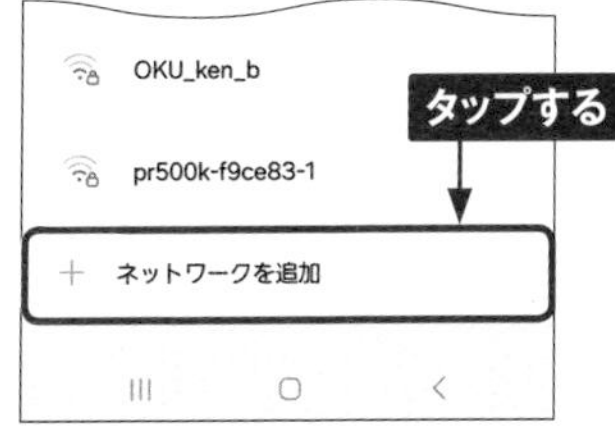

2 SSID（ネットワーク名）を入力し、［セキュリティ］をタップします。

3 セキュリティ設定をタップして選択します。

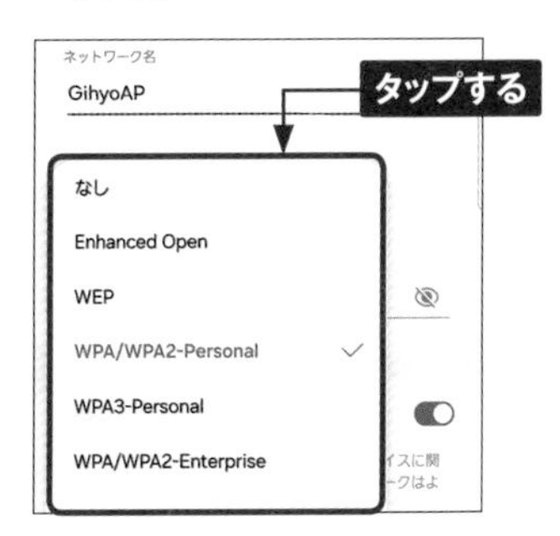

4 パスワードを入力して［保存］をタップすると、Wi-Fiに接続できます。

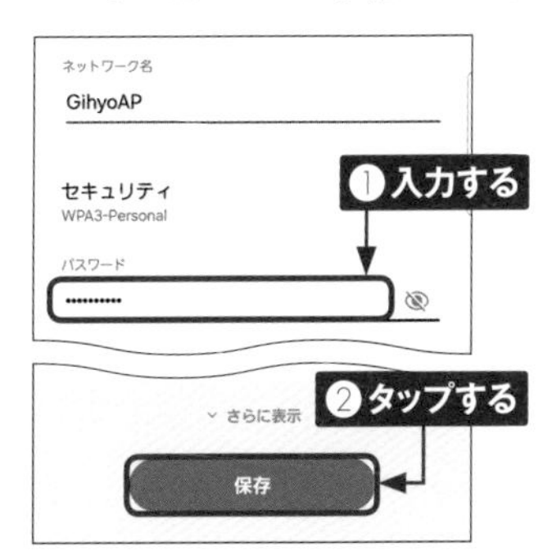

MEMO 本体のMACアドレスを利用する

標準ではセキュリティを高めるため、Wi-Fi MACアドレスがアクセスポイントごとに個別に割り振られます。本体のMACアドレスを利用したい場合は、手順②の画面で［さらに表示］→［MACアドレスタイプ］をタップして、［端末のMAC］をタップします。

Section 09

Bluetooth機器を利用する

S24/S24 UltraはBluetoothとNFCに対応しています。ヘッドセットやキーボードなどのBluetoothやNFCに対応している機器と接続すると、S24/S24 Ultraを便利に活用できます。

1

Bluetooth機器とペアリングする

① 「設定」アプリを起動し、[接続]をタップします。

② [Bluetooth]をタップします。

③ Bluetooth機能がオフになっている場合、この画面が表示されるので、[OFF]をタップします。なお、P.24のWi-Fiのように、通知パネルのからオン／オフや設定画面を表示することもできます。

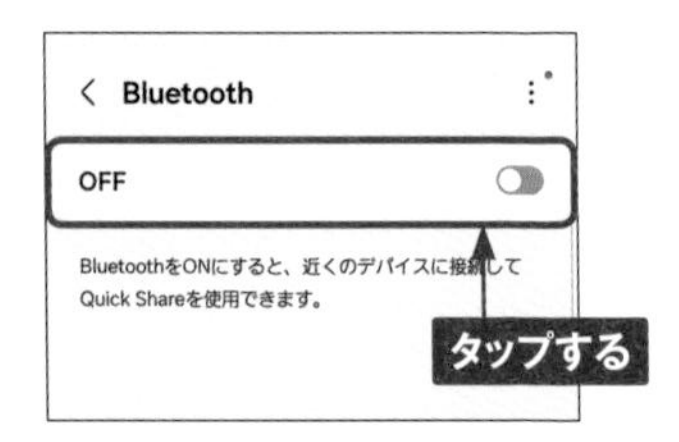

④ 周辺のペアリング可能な機器が自動的に検索されて、表示されます。検索結果に表示されない場合は、[スキャン]をタップします。

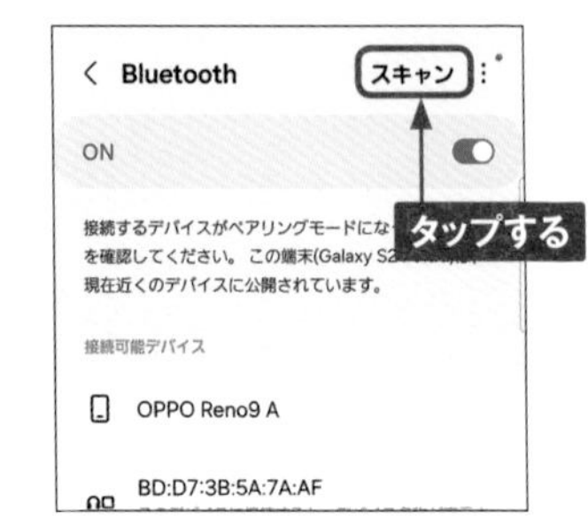

5 スキャンが始まります。目的の機器が表示されたら、[停止] をタップします。

6 ペアリングしたい機器をタップし、[ペアリング] をタップすると、機器との接続が完了します。接続する機器によっては、キー入力などの手順が発生する場合もあります。

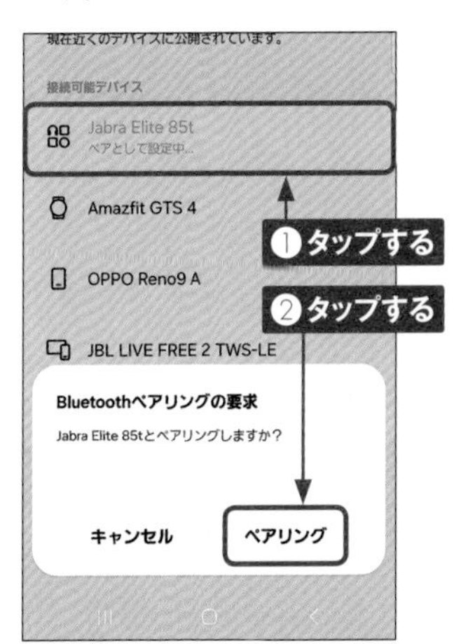

7 ペアリングを解除する場合は、⚙をタップします。

8 [ペアリングを解除] → [ペアリングを解除] の順にタップすると、ペアリングが解除されます。

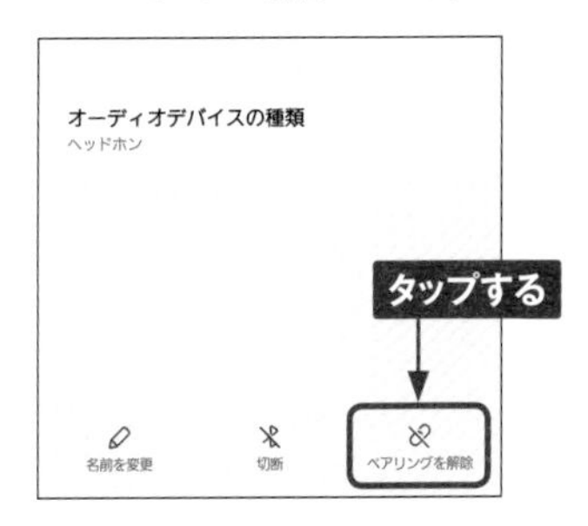

LDAC

S24/S24 UltraのBluetoothオーディオコーデックは、ハイレゾ音源を聞くのに適したLDACに対応しています。LDACを利用するには、LDAC対応のBluetoothオーディオ機器を用意し、ペアリング後、手順⑧の画面を表示してLDACを有効にします。

Section 10

サウンドやマナーモードを設定する

Application

メールの通知音や電話の着信音は、「設定」アプリから変更できます。また、各種音量を設定することもでき、マナーモードは通知パネルから素早く設定できます。

通知音や着信音を変更する

① 「設定」アプリを起動し、サウンドとバイブ］をタップします。

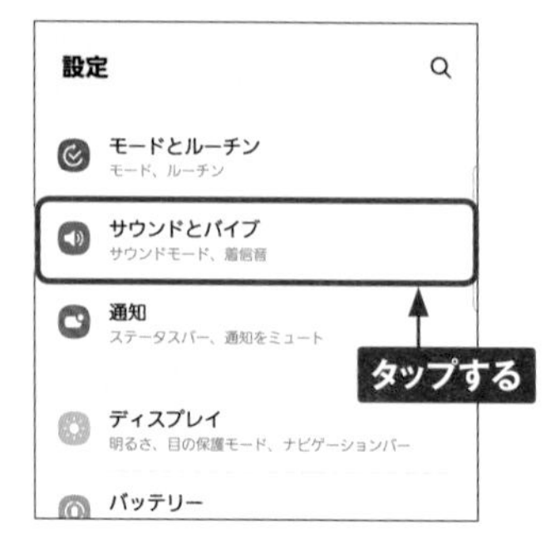

② ［着信音］または［通知音］をタップします。ここでは［着信音］をタップします。

③ 変更したい着信音をタップすると、着信音が変更されます。また、［着信時にバイブ］をタップすると、バイブの強度を設定できます。

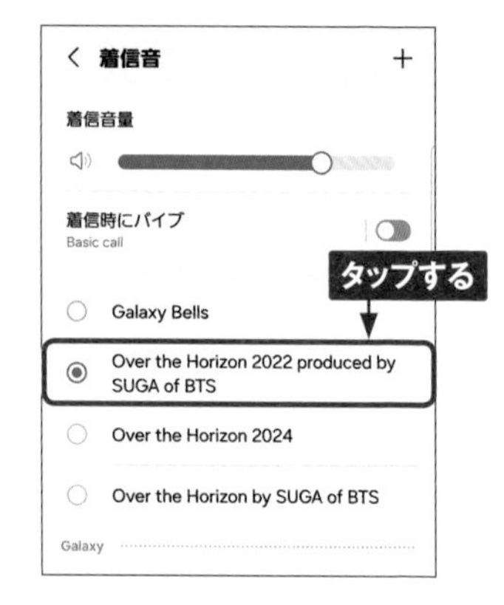

MEMO **操作音を設定する**

手順②の画面の下部の「システムサウンド」では、「タッチ操作音」や「画面ロック」などのシステム操作時の音、キーボード操作の音などのキータップ時の音の設定ができます。

音量を設定する

●［設定］画面から設定する

① P.28手順②の画面で［音量］をタップします。

② 音量の設定画面が表示されるので、各項目のスライダーをドラッグして、音量を設定します。

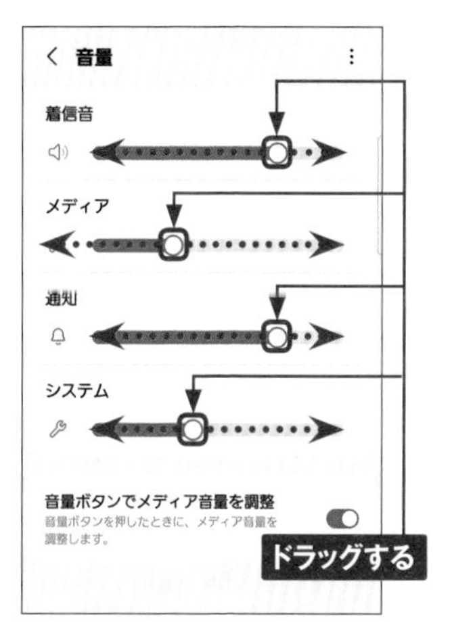

●音量キーから設定する

① ロックを解除した状態で、音量キーを押すと、着信音の音量設定画面が表示されるので、スライダーをドラッグして、音量を設定します。•••をタップします。

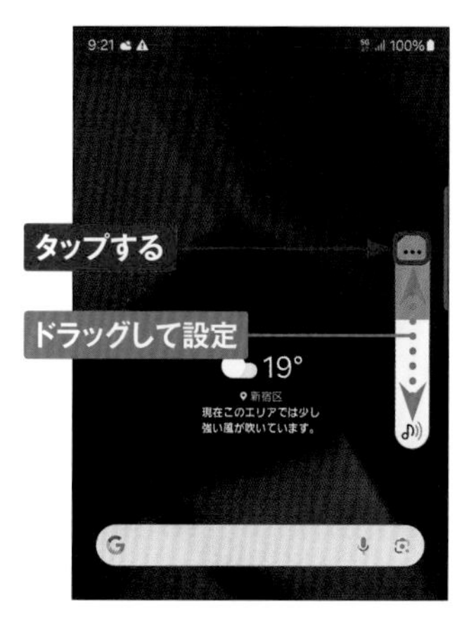

② 他の項目が表示され、ここから音量を設定できます。

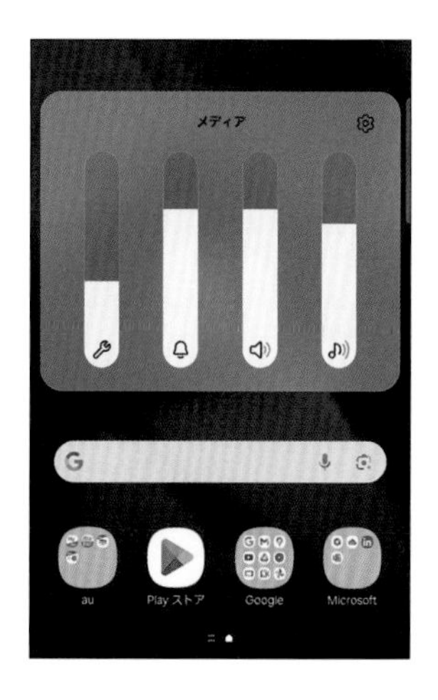

マナーモードを設定する

① ステータスバーを下方向にスライドします。

② 通知パネル上部のクイック設定パネルにが表示され、着信などのときに音が鳴るサウンドモードになっています。をタップします。

③ 表示がに切り替わり、バイブモードになります。をタップします。

④ 表示がに切り替わり、サイレントモードになります。をタップすると、サウンドモードに戻ります。

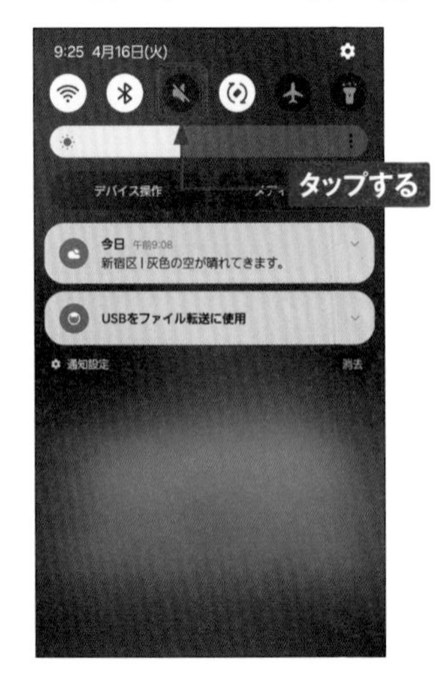

Chapter 2

電話の便利機能、メールやインターネットを利用する

Section 11

Application

伝言メモを利用する

S24 ／ S24 Ultraでは、電話に応答できないときに、本体に発信者からのメッセージを記録する伝言メモ機能があります。ドコモやauが提供する留守番電話サービスとの違いも確認しましょう。

伝言メモを設定する

1 ホーム画面で をタップし、右上の ⋮ をタップして［設定］をタップします。

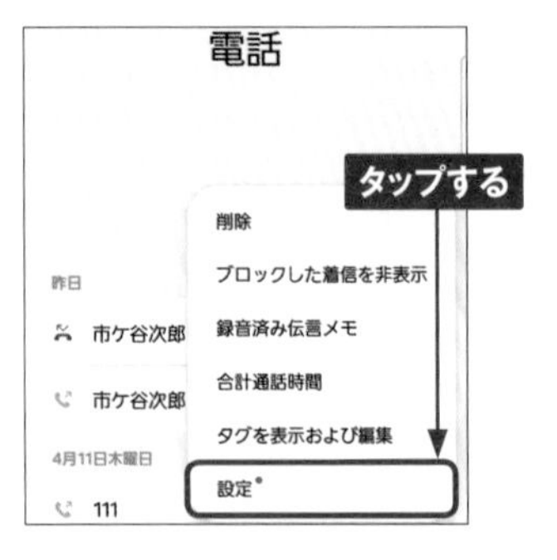

2 ［伝言メモ設定］をタップします。

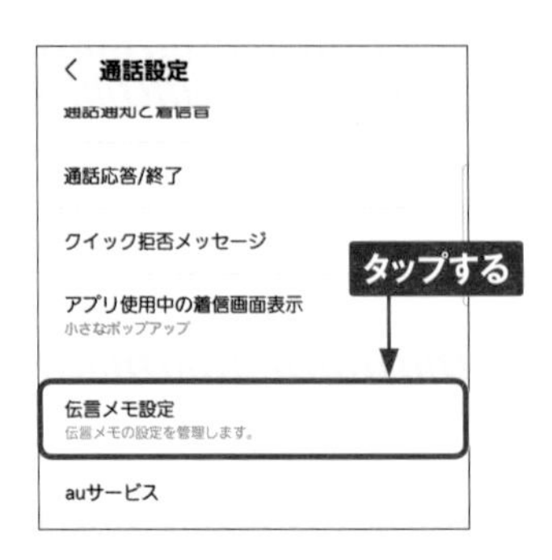

3 ［メッセージで自動応答］（初期状態は「手動」で伝言メモはオフ）をタップします。

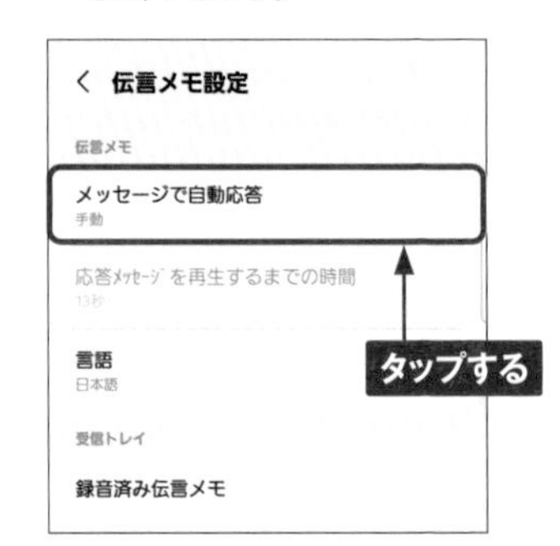

4 伝言メモを設定するには、［毎回］または［バイブ／サイレント設定中に有効］をタップします。

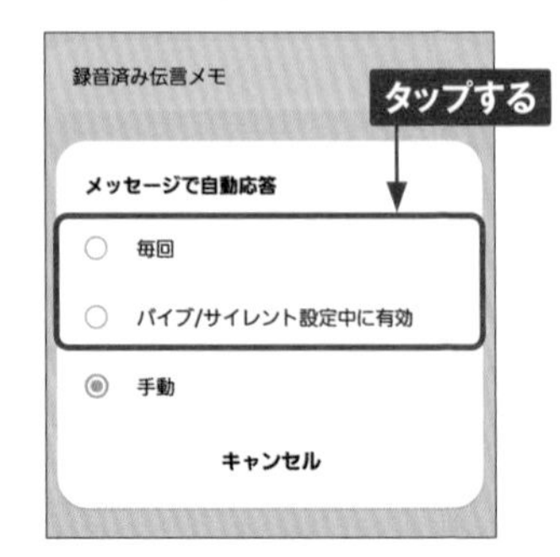

伝言メモを確認する

① 不在着信があると、ステータスバーに通知アイコンが表示されるので、ステータスバーを下方向にスライドします。

② 通知パネルが表示されます。伝言メモがあると、「新しい録音メッセージ」と通知に表示されるので、タップして詳細を表示し、聞きたい伝言をタップします。

③ 再生していないメッセージには❶が表示されます。再生したいメッセージをタップします。

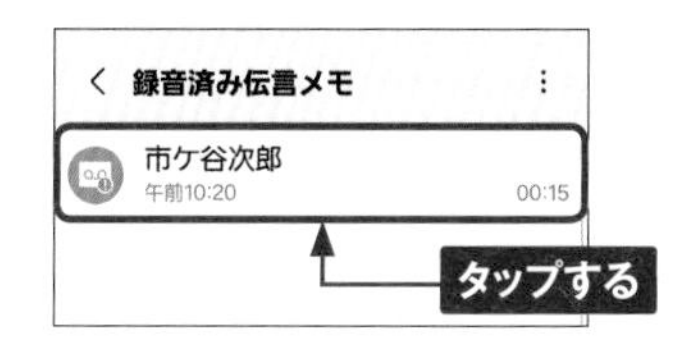

④ メッセージが再生されます。再生が終了したら×をタップします。メッセージを削除するときは、P.32手順①の画面で、［録音済み伝言メモ］をタップし、手順③の画面で削除したいメッセージをロングタッチし、［削除］をタップします。

MEMO 伝言メモと留守番電話サービス

伝言メモは料金がかかりませんが、電波の届かない場所では利用できません。ドコモとauでは、電話が届かない場所でも留守番電話が使えるサービス（有料）を提供しています。電波が届く場所では伝言メモ、届かない場合には留守番電話を利用したい場合は、伝言メモの応答時間（P.32手順③の［応答メッセージを～］で設定）を、留守番電話の応答時間より短くしておきましょう。

Section 12

着信拒否や通話の自動録音をする

S24 ／ S24 Ultra本体には着信拒否機能が搭載されています。また、通話を自動録音できます。迷惑電話やいたずら電話対策にこれらの機能を活用しましょう。

着信拒否を設定する

① P.32手順②の画面で［番号指定ブロック］をタップします。電話番号を手動で入力することもできますが、ここでは履歴から着信拒否を設定します。［履歴］をタップします。

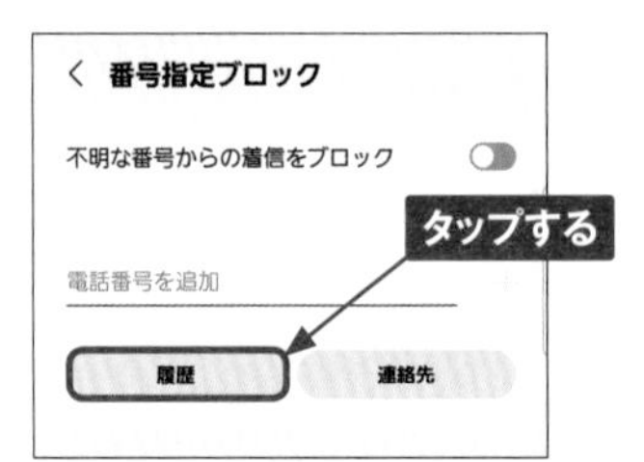

② 着信拒否に設定したい履歴をタップします。

③ 番号が読み込まれます。［完了］をタップします。

④ これで設定完了です。登録した相手が電話をかけると、電話に出られないとアナウンスが流れます。着信拒否を解除する場合は、－をタップします。

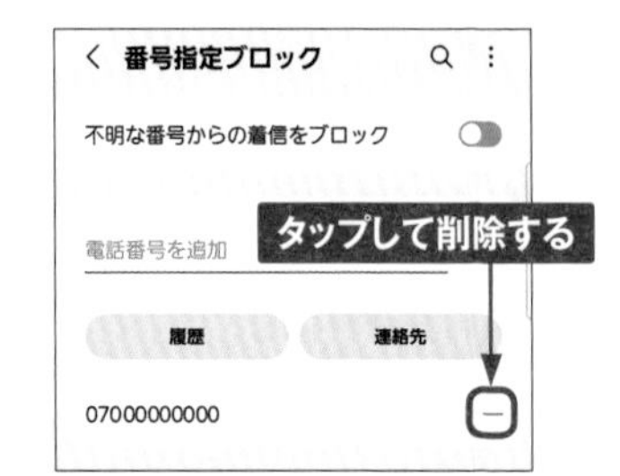

通話を自動録音する

1. P.32手順②の画面で［通話を録音］をタップします。

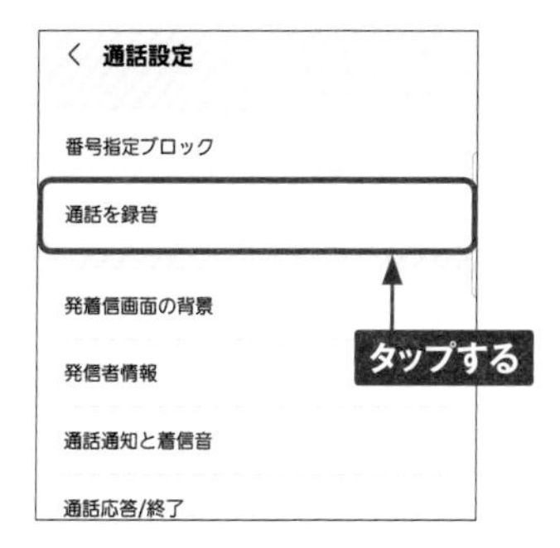

2. ［通話の自動録音］をタップします。

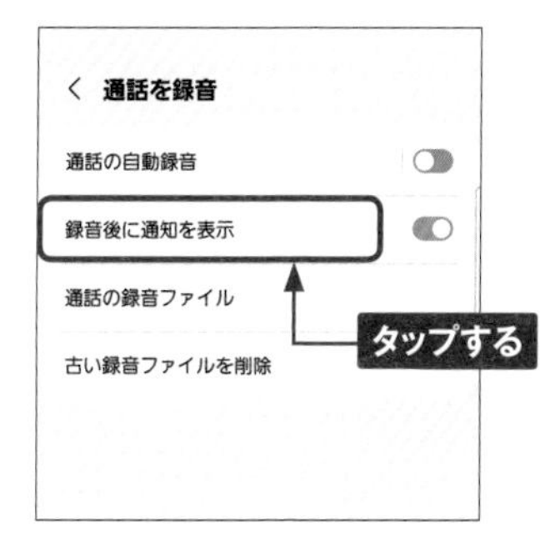

3. ［OFF］をタップします。

4. 自動録音する番号を選択してタップすると、設定完了です。

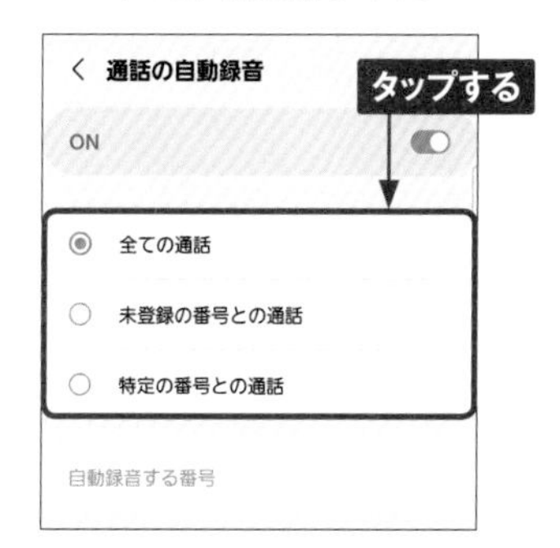

5. 通話後、通知パネルに表示される［通話の録音完了］をタップします。

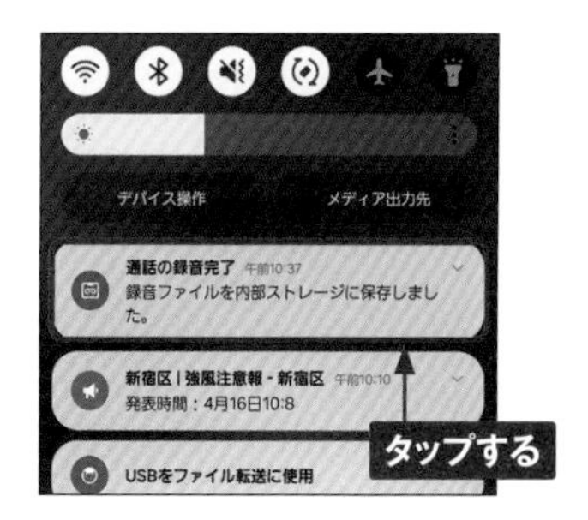

6. 再生したい通話をタップすると再生されます。なお、録音ファイルは、「ボイスレコーダー」アプリなどでいつでも再生できます。

Section 13

+メッセージ(SMS)を利用する

Application

「+メッセージ(SMS)」アプリでは、携帯電話番号を宛先にして、SMSでは文字のメッセージ、+メッセージでは写真やビデオなどもやり取りできます。

SMSと+メッセージ

S24 / S24 Ultraでは、「+メッセージ(SMS)」アプリからSMS(ショートメール/Cメール)と+メッセージを送受信できます。SMSで送受信できるのは最大で全角70文字(他社宛)までのテキストですが、+メッセージでは文字が全角2730文字、そのほかに100MBまでの写真や動画、スタンプ、音声メッセージをやり取りでき、グループメッセージや現在地の送受信機能もあります。
また、SMSは送信に1回あたり3～6円かかりますが、+メッセージはパケットを使用するため、パケット定額のコースを契約していれば、特に料金は発生しません。
+メッセージは、相手も「+メッセージ(SNS)」アプリを利用している場合のみ利用できます。SMSと+メッセージどちらが利用できるかは自動的に判別されますが、画面の表示からも判断することができます(下図参照)。

「+メッセージ(SMS)」アプリで表示される連絡先の相手画面。+メッセージを利用できる相手には、が表示されます。

相手が「+メッセージ」アプリを利用していない場合、名前欄とメッセージ欄に「SMS」と表示されます(上図)。+メッセージが利用できる相手の場合は、アイコンが表示されます(下図)。

SMSを送信する

1 「アプリ一覧」画面で、[+メッセージ(SMS)]をタップします。初回は許可画面などが表示されるので、画面に従って操作します。

2 新規にメッセージを作成する場合は、[メッセージ]をタップして、⊕をタップします。

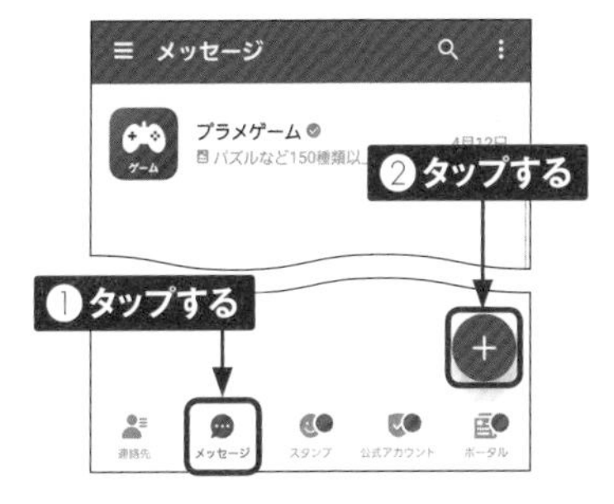

3 [新しいメッセージ]をタップします。[新しいグループメッセージ]は、+メッセージの機能です。

4 ここでは、番号を入力してSMSを送信します。[名前や電話番号を入力]をタップして、番号を入力します。連絡先に登録している相手の名前をタップすると、その相手にメッセージを送信できます。

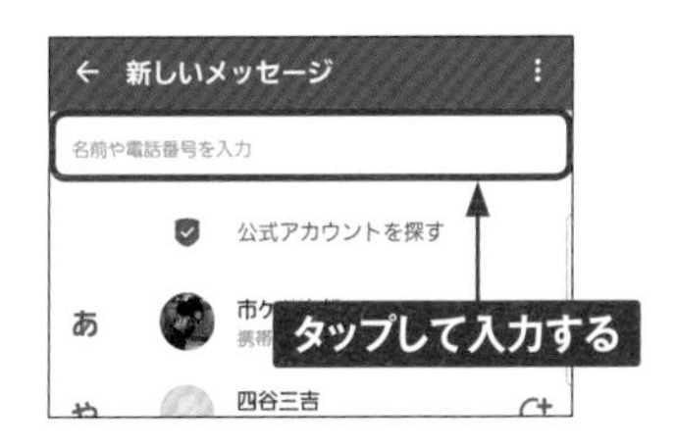

5 [メッセージを入力(SMS)]をタップして、メッセージを入力し、▶をタップします。

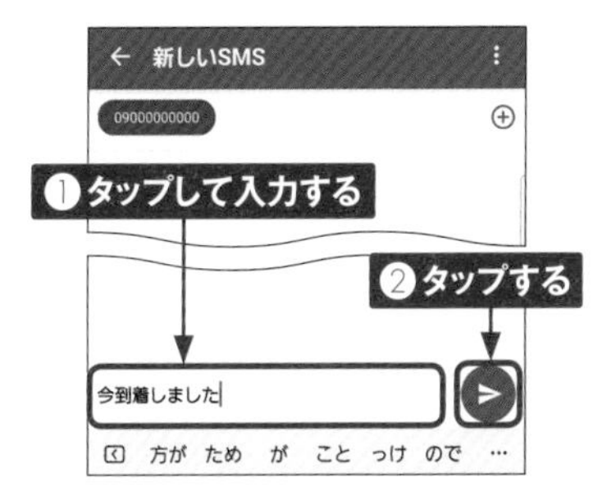

6 メッセージが送信され、送信したメッセージが画面の右側に表示されます。

メッセージを受信・返信する

① メッセージが届くと、ステータスバーに受信のお知らせが表示されます。ステータスバーを下方向にスライドします。

② 通知パネルに表示されているメッセージの通知をタップします。

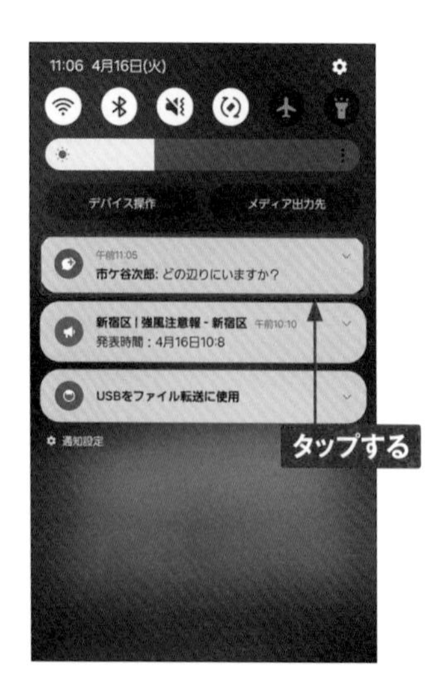

③ 受信したメッセージが左側に表示されます。メッセージを入力して、▶をタップすると、相手に返信できます。

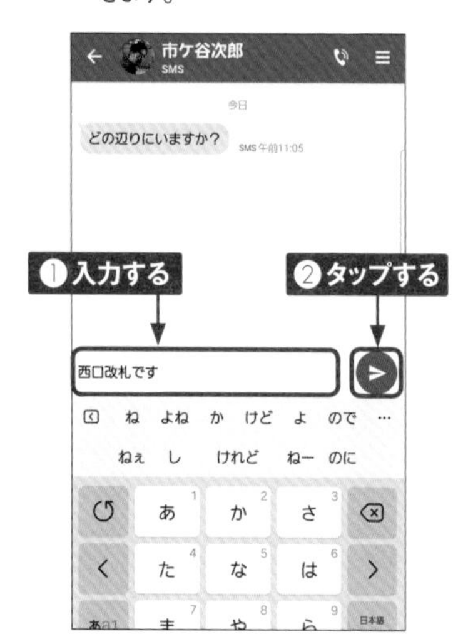

MEMO メッセージのやり取りはスレッドで表示される

SMSで相手とやり取りすると、やり取りした相手ごとにメッセージがまとまって表示されます。このまとまりを「スレッド」と呼びます。スレッドをタップすると、その相手とのやり取りがリストで表示され、返信も可能です。

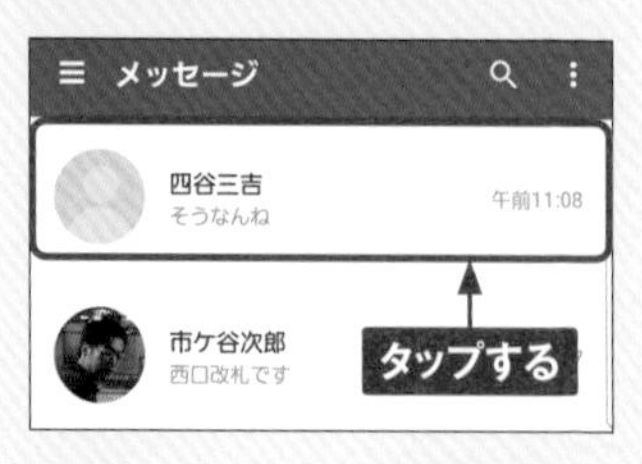

+メッセージで写真や動画を送る

1 ここでは連絡先リストから+メッセージを送信します。P.37手順②の画面で、[連絡先]をタップし、の付いた相手をタップします。

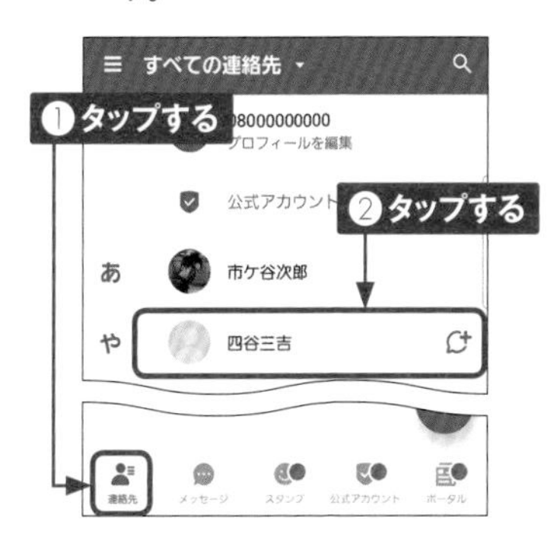

2 [メッセージ]をタップします。

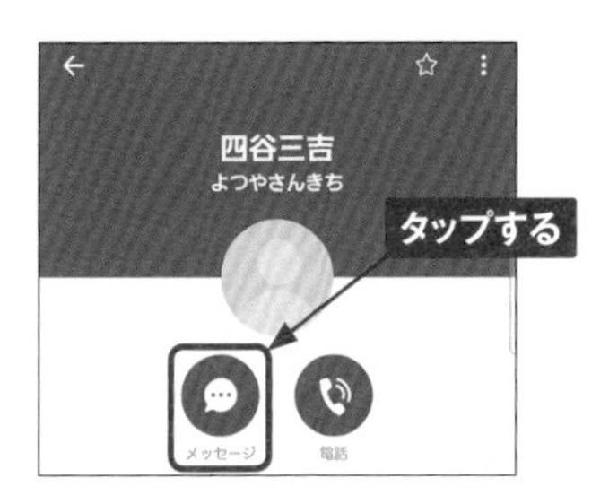

3 ⊕をタップします。なお、をタップすると、写真を撮影して送信、☺をタップすると、スタンプを送信できます。

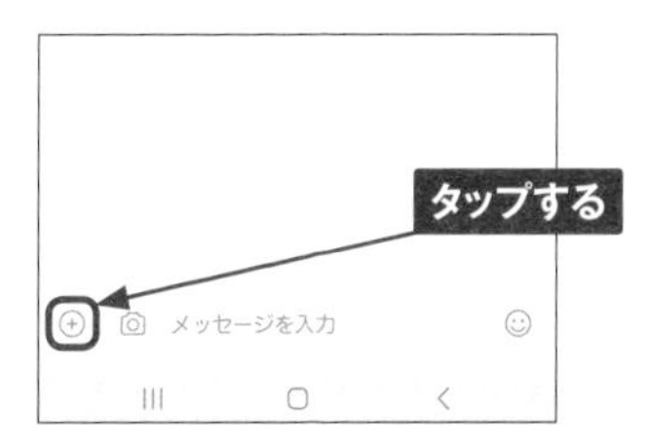

4 ここでは本体内の写真を送ります。をタップして、表示された本体内の写真をタップします。

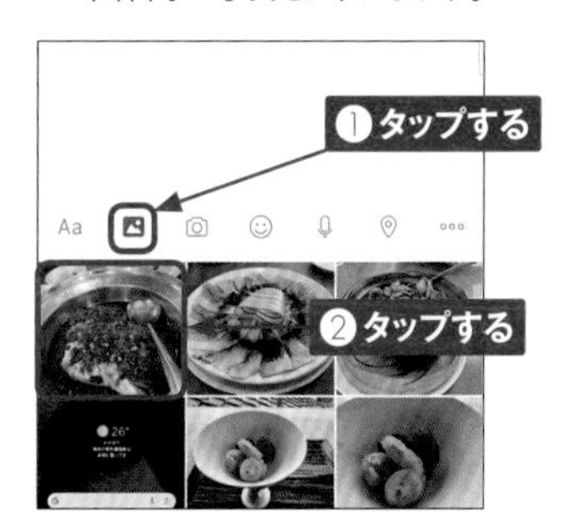

5 写真が表示されるので、をタップします。

6 写真が送信されます。なお、+メッセージの場合、メールのように文字や写真を一緒に送ることはできず、別々に送ることになります。

2

Gmailを利用する

S24 ／ S24 UltraにGoogleアカウントを登録しておけば、すぐにGmailを利用できます。なお、画面が掲載しているものと異なる場合は、P.55を参考にアプリを更新してください。

受信したGmailを閲覧する

① 「アプリ一覧」画面で［Gmail］をタップします。

② 画面の指示に従って操作すると、「メイン」画面が表示されます（右のMEMO参照）。読みたいメールをタップします。

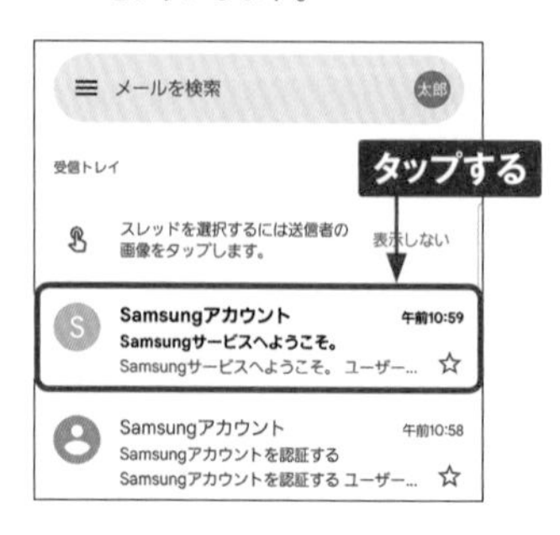

③ メールの差出人やメール受信日時、メール内容が表示されます。←をタップすると、「メイン」画面に戻ります。なお、↩をタップすると、表示中のメールに返信できます。

MEMO Googleアカウントを同期する

Gmailを使用する前に、あらかじめ自分のGoogleアカウントを設定しましょう。Gmailを同期する設定にしておくと（標準で同期）、Gmailのメールが自動的に同期されます。すでにGmailを使用している場合は、内容がそのまま「Gmail」アプリで表示されます。

Gmailを送信する

1 「メイン」画面を表示して、[作成]をタップします。

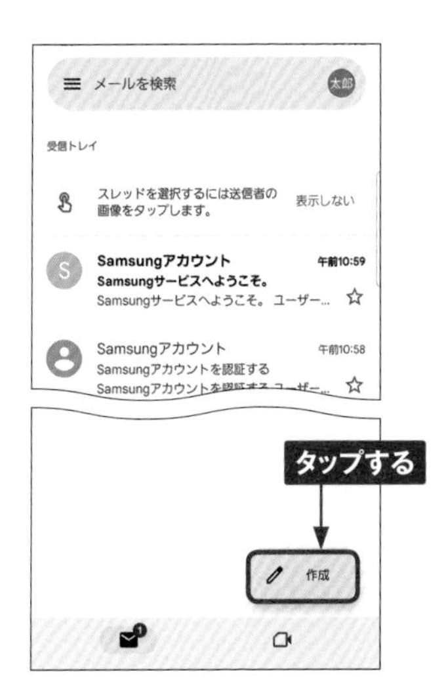

2 「作成」画面が表示されます。[To]をタップして宛先のアドレスを入力します。新しいアドレスの場合は、[受信者を追加]をタップします。

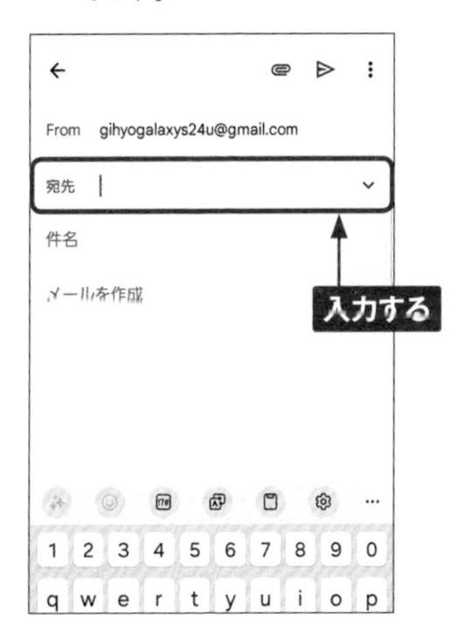

3 件名とメッセージを入力し、⊳をタップすると、メールが送信されます。

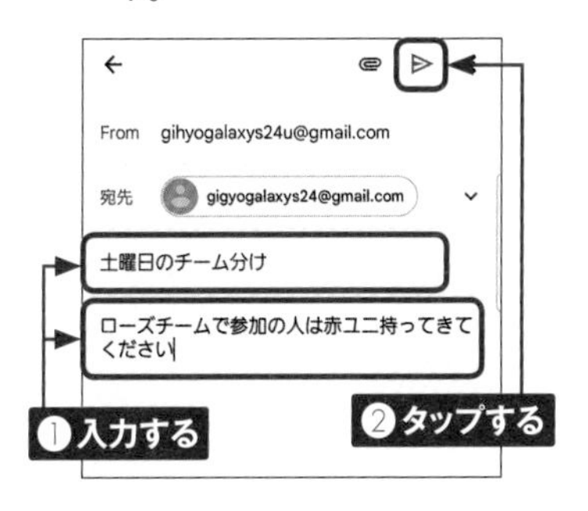

MEMO **メニューを表示する**

「Gmail」の画面を左端から右方向にスライドすると、メニューが表示されます。メニューでは、「メイン」以外のカテゴリやラベルを表示したり、送信済みメールを表示したりできます。なお、ラベルの作成や振り分け設定は、パソコンのWebブラウザで「http://mail.google.com/」にアクセスして操作します。

Section 15

PCメールを設定する

S24 ／ S24 Ultraで会社のPCメールや、Yahoo!メールといったWebメールは、「Gmail」アプリと「Outlook」アプリから利用できます。ここでは、「Outlook」アプリでの設定を紹介します。

Yahoo!メールを設定する

1 あらかじめメールのアカウント情報を準備しておきます。「アプリ一覧」画面で、［Outlook］をタップします。

2 ［アカウントを追加してください］をタップします。

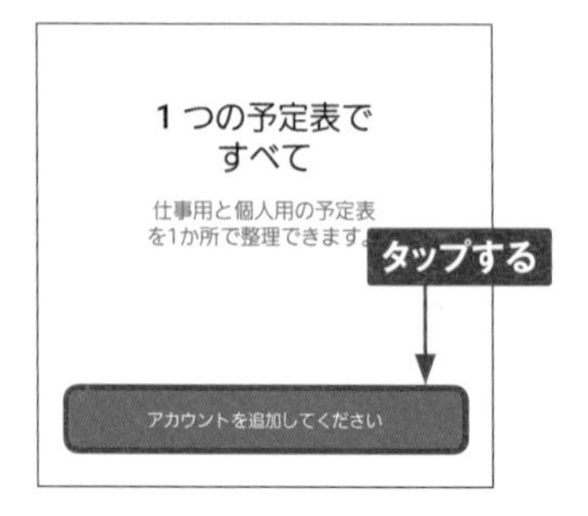

3 ここではYahoo!メール（事前に他アプリからの接続設定が必要）を例に設定を紹介します。メールアドレスを入力し、［続行］をタップします。

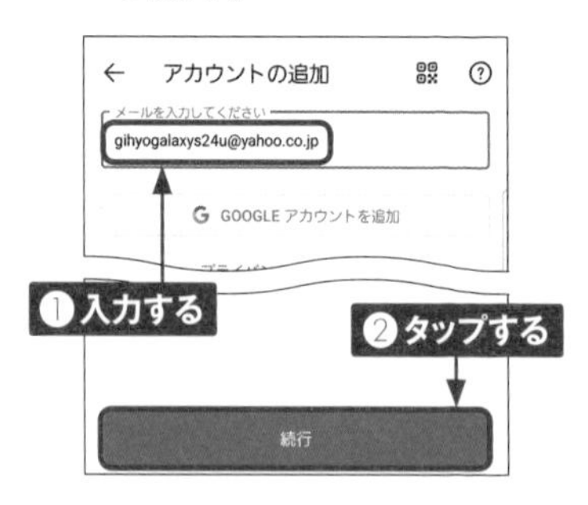

4 パスワードと説明を入力し、✓をタップします。

5 ここでは、[後で] をタップします。

6 通知に関する設定が表示されるので、いずれかをタップします。

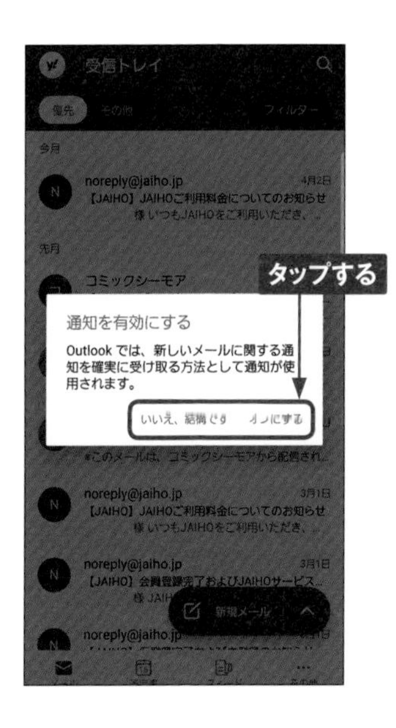

7 設定したメールの受信トレイが表示され、メールを送受信することができるようになります。

MEMO 2つ目以降のアカウント登録

最初のアカウントを登録すると、P.42手順①の次は手順⑦の画面が表示されます。さらに別のアカウントを登録したい場合は、手順⑦の画面で左端から右方向にスワイプし、をタップすると、P.42手順③の画面が表示されます。

2

Section 16

Webページを閲覧する

S24 ／ S24 Ultraには、インターネットの閲覧アプリとして「ブラウザ」と「Chrome」が標準搭載されています。ここでは、「Chrome」の使い方を紹介します。

Chromeを起動する

① ホーム画面で をタップします。

② 「Chrome」アプリが起動し、初回はGoogleのWebページが表示されるので、［検索またはURLを入力］をタップ、2回目以降は画面上部のアドレスバーをタップします。

③ WebページのURLを入力して、［移動］をタップすると、入力したWebページが表示されます。

MEMO インターネットで検索をする

手順③でURLではなく、調べたい語句を入力して［移動］をタップするか、アドレスバーの下部に表示される検索候補をタップすると、検索結果のページ（標準ではGoogle検索）が表示されます。

Webページを移動する

① Webページの閲覧中に、リンク先のページに移動したい場合、ページ内のリンクをタップします。

② ページが移動します。＜をタップすると、タップした回数分だけページが戻ります。

③ 画面右上の ⋮（「Chrome」アプリに更新がある場合は、⬆）をタップして、→をタップすると、前のページに進みます。

④ ⋮ をタップして C をタップすると、表示ページが更新されます。

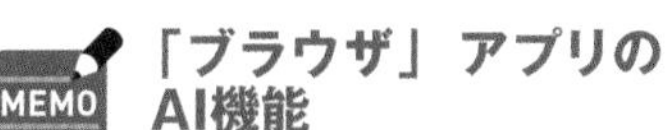

MEMO

「ブラウザ」アプリのAI機能

「ブラウザ」アプリでは、AI機能を利用できます。「ブラウザ」アプリを起動してWebページを表示し、画面下部の✨をタップすると、Webページの要約や翻訳ができます。

Section 17

ブックマークを利用する

「Chrome」アプリでは、WebページのURLを「ブックマーク」に追加し、好きなときにすぐに表示することができます。よく閲覧するWebページはブックマークに追加しておくと便利です。

ブックマークを追加する

① ブックマークに追加したいWebページを表示して、⋮をタップします。

② ☆をタップします。

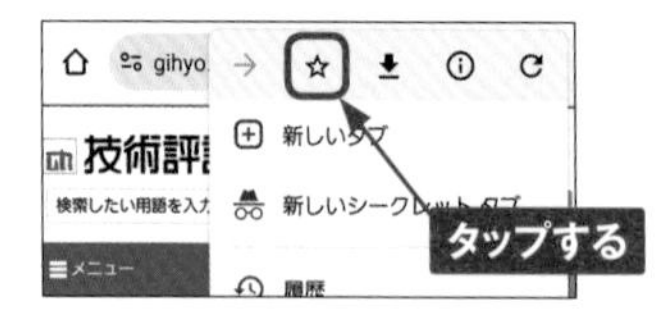

③ ブックマークが追加されます。追加直後に下部に表示される［ブックマークを保存しました］をタップします。

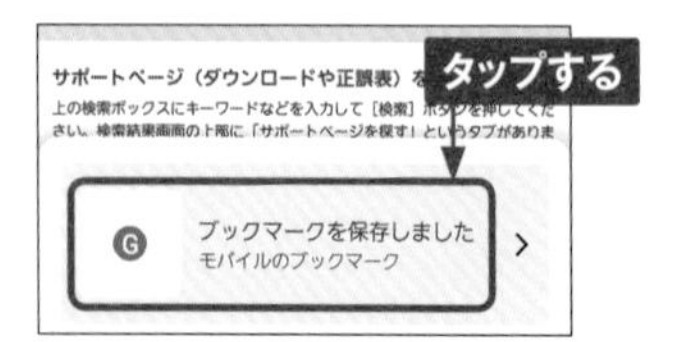

④ 名前や保存先のフォルダなどを編集し、←をタップします。

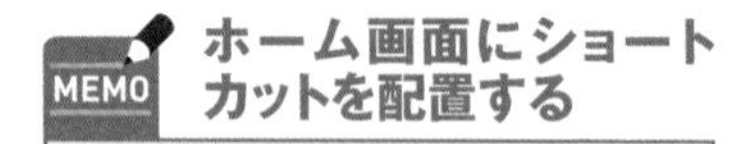

MEMO ホーム画面にショートカットを配置する

手順②の画面で［ホーム画面に追加］をタップすると、表示しているWebページをホーム画面にショートカットとして配置できます。

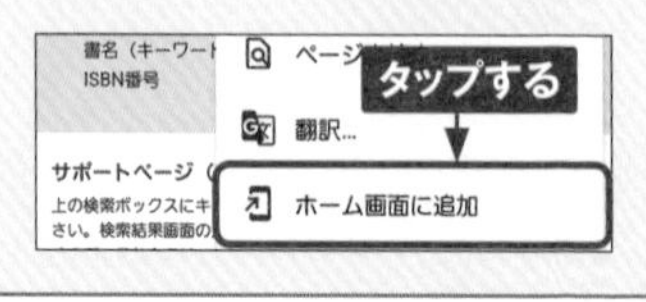

ブックマークからWebページを表示する

① 「Chrome」アプリを起動し、画面を下方向にスワイプして「アドレスバー」を表示し、⋮をタップします。

② ［ブックマーク］をタップします。

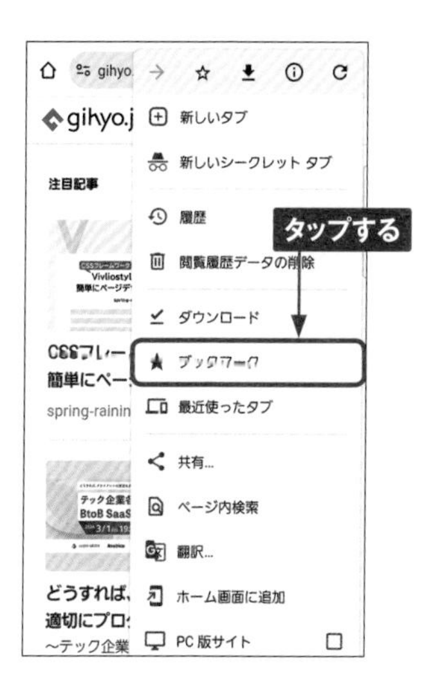

③ 「ブックマーク」画面が表示されるので、フォルダをタップして選択し、閲覧したいブックマークをタップします。

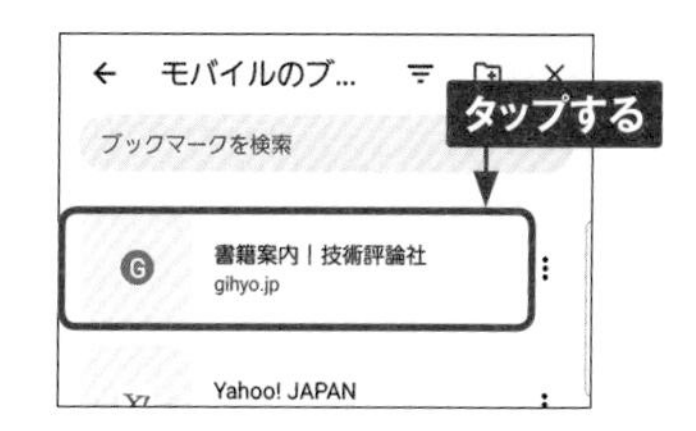

④ ブックマークに追加したWebページが表示されます。

MEMO ブックマークを削除する

手順③の画面で削除したいブックマークの⋮をタップし、［削除］をタップすると、ブックマークを削除できます。

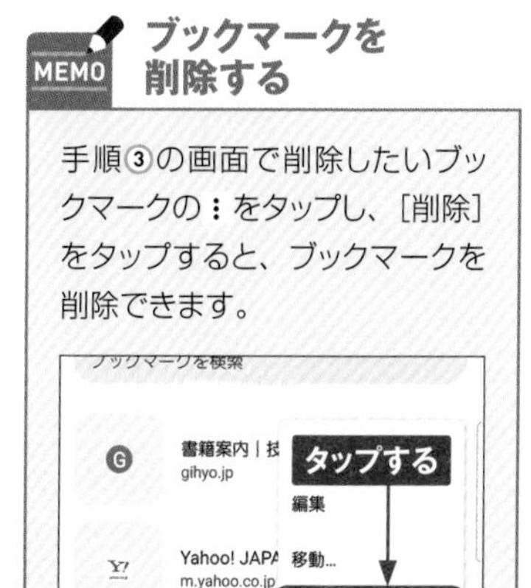

Section 18

複数のWebページを同時に開く

「Chrome」アプリでは、複数のWebページをタブを切り替えて同時に開くことができます。また、複数のタブを1つのタブにまとめて管理できるグループタブ機能もあります。

新しいタブを開く

① ⋮をタップし、［新しいタブ］をタップします。

② 新しいタブが開きます。検索ボックスをタップします。WebページのURLか検索したいキーワードを入力し、［移動］をタップするとWebページが表示されます。

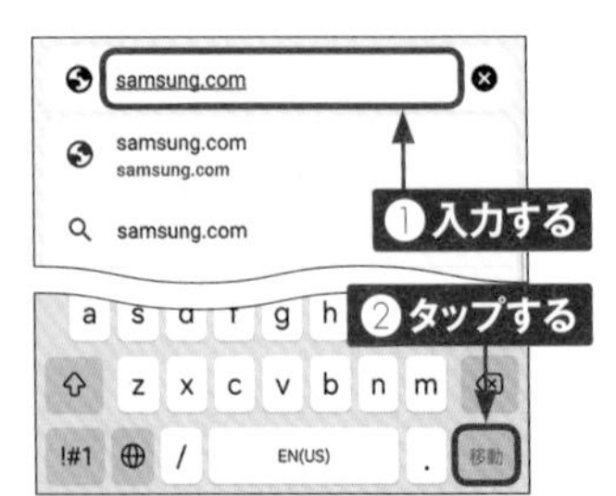

③ ⋮の左のタブの数が表示されている部分をタップします。

④ タブの一覧が表示されるので、表示したいタブをタップします。×をタップすると、タブを閉じることができます。

新しいグループタブで開く

1 ページ内にあるリンクを新しいタブで開きたい場合は、そのリンクをロングタッチします。

2 ［新しいタブをグループで開く］をタップします。

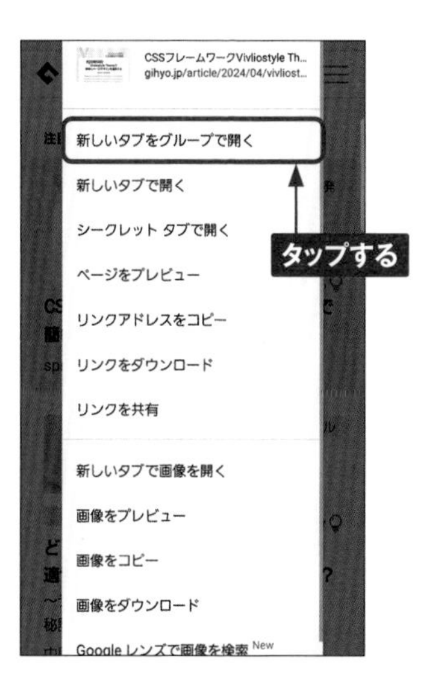

3 リンク先のページが新しいグループタブで開きます。画面下部のをタップすると、グループタブを切り替えることができます。⊗をタップすると、開いているグループタブを閉じることができます。

MEMO グループタブについて

「Chrome」アプリでは、複数のタブを1つにグループ化してまとめて管理できます。ニュースサイトごと、SNSごとというように、サイトごとにタブをまとめるなど、便利に使える機能です。また、Webサイトによっては、リンクをタップするとリンク先のページが自動的にグループタブで開くこともあります。

開いているタブをグループタブにまとめる

1 複数のタブを開いている状態で、⋮の左のタブの数が表示されている部分をタップします。

2 タブの一覧が表示されるので、グループ化したいタブをロングタッチし、まとめたいタブまでドラッグすると、グループタブにまとめられます。

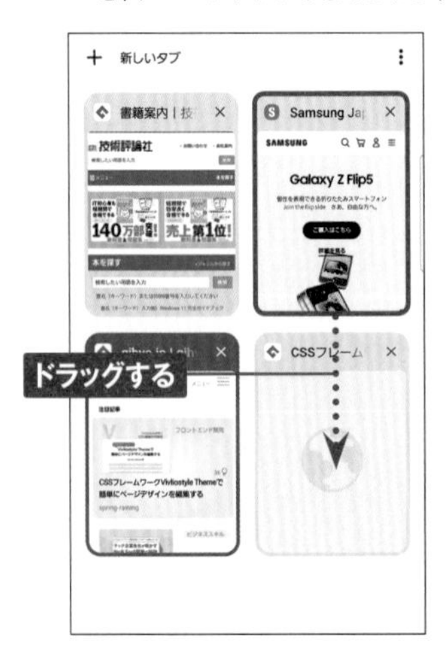

3 グループタブをタップします。

4 開きたいタブをタップすると、ページが表示されます。

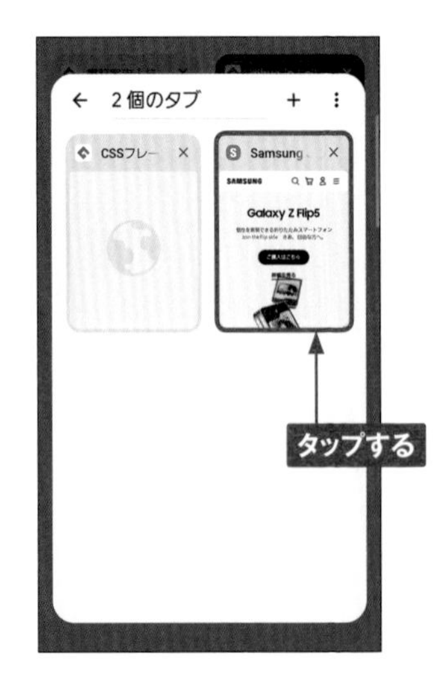

Chapter 3

Googleのサービスを利用する

Section 19

Google Playでアプリを検索する

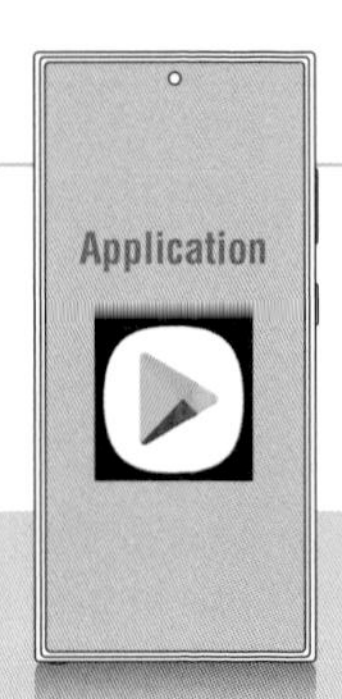

S24 ／ S24 Ultraは、Google Playに公開されているアプリをインストールすることで、さまざまな機能を利用できます。まずは、目的のアプリを探す方法を解説します。

アプリを検索する

1 Google Playを利用するには、ホーム画面で［Playストア］をタップします。

2 「Playストア」アプリが起動して、Google Playのトップページが表示されます。［アプリ］→画面上部の［カテゴリ］をタップします。

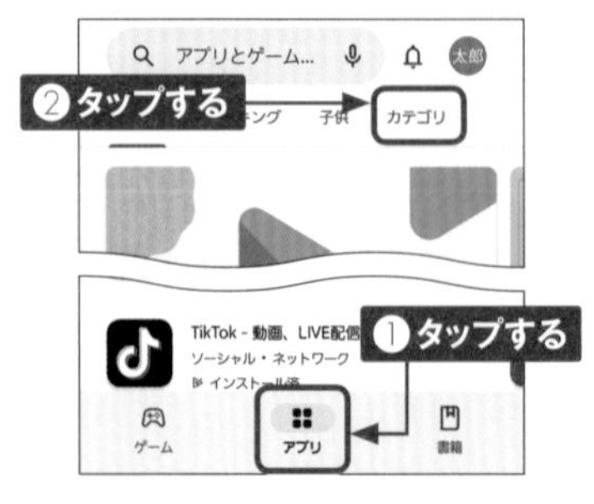

3 「アプリ」の「カテゴリ」画面が表示されます。上下にスワイプして、ジャンルを探します。

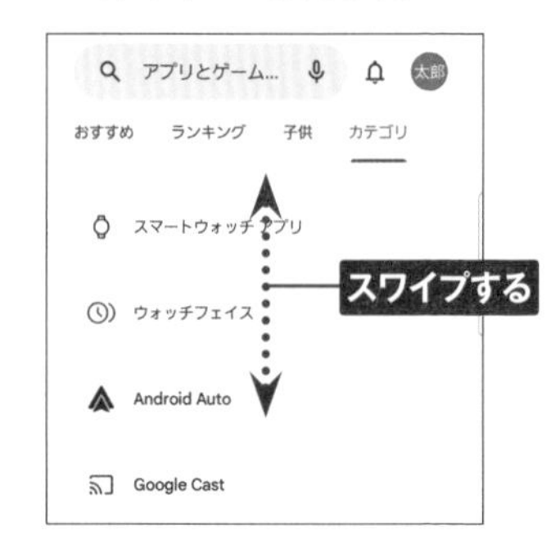

4 見たいジャンル（ここでは［カスタマイズ］）をタップします。

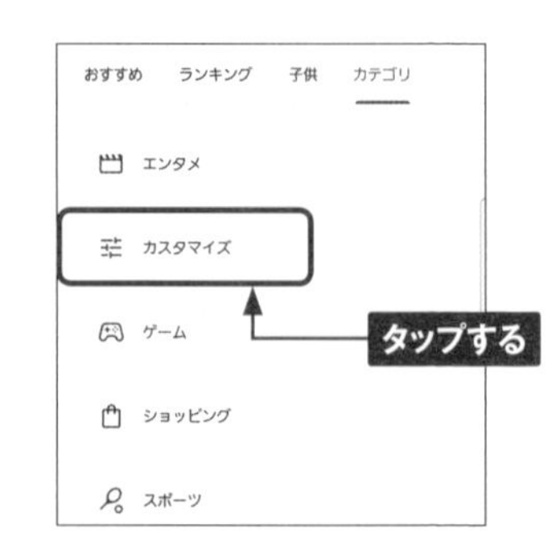

5 画面を上方向にスライドし、「人気のカスタマイズアプリ（無料）」の右の→をタップします。

6 詳細を確認したいアプリをタップします。

7 アプリの詳細な情報が表示されます。人気のアプリでは、ユーザーレビューも読めます。

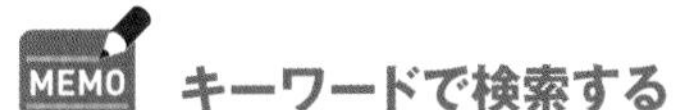

MEMO キーワードで検索する

Google Playでは、キーワードからアプリを検索できます。検索機能を利用するには、画面上部にある検索ボックスや🔍をタップし、検索欄にキーワードを入力して、🔍をタップします。

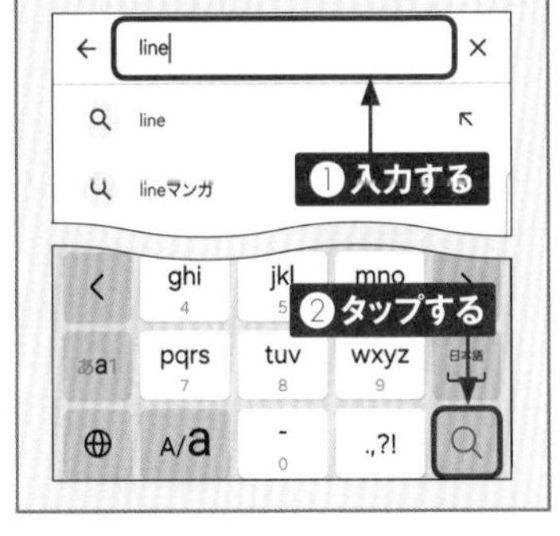

Section 20

アプリをインストールする／アンインストールする

Application

Google Playで目的の無料アプリを見つけたら、インストールしてみましょう。なお、不要になったアプリは、Google Playからアンインストール（削除）できます。

アプリをインストールする

1 Google Playでアプリの詳細画面を表示し（Sec.19参照）、［インストール］をタップします。

2 アプリのダウンロードとインストールが開始されます。

3 アプリを起動するには、インストール完了後、［開く］をタップするか、「アプリ一覧」画面に追加されたアイコンをタップします。

MEMO

「アカウント設定の完了」が表示されたら

手順①で［インストール］をタップしたあとに、「アカウント設定の完了」画面が表示される場合があります。その場合は、［次へ］→［スキップ］をタップすると、アプリのインストールを続けることができます。

アプリを更新する／アンインストールする

●アプリを更新する

1 P.52手順②の画面で、右上のユーザーアイコンをタップし、表示されるメニューの［アプリとデバイスの管理］をタップします。

2 更新可能なアプリがある場合、「利用可能なアップデートがあります」と表示されます。［すべて更新］をタップすると、一括で更新されます。

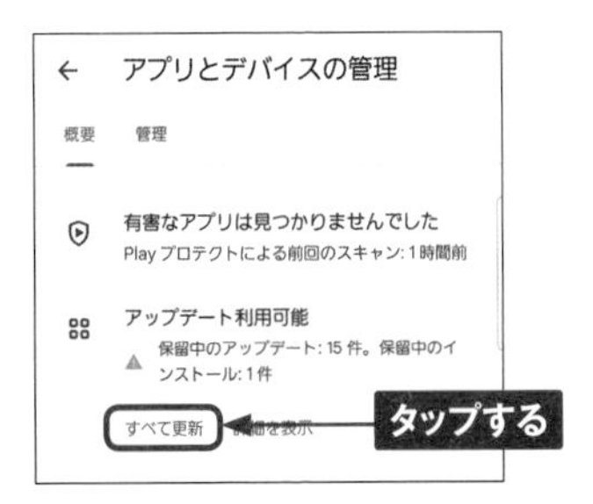

●アプリをアンインストールする

1 左側手順②の画面で［管理］をタップして「インストール済み」を表示し、アンインストールしたいアプリ名をタップします。

2 アプリの詳細が表示されます。［アンインストール］をタップし、［アンインストール］をタップするとアンインストールされます。

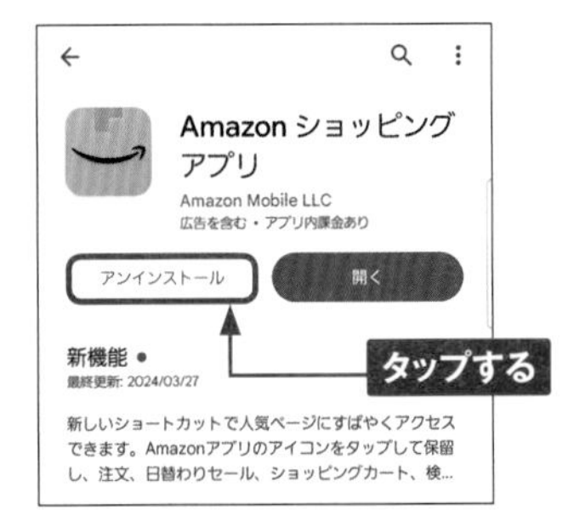

MEMO アプリの自動更新を停止する

初期設定では、Wi-Fi接続時にアプリが自動更新されるようになっています。自動更新しないように設定するには、上記左側の手順①の画面で［設定］→［ネットワーク設定］→［アプリの自動更新］の順にタップし、［アプリを自動更新しない］→［OK］の順にタップします。

Section 21

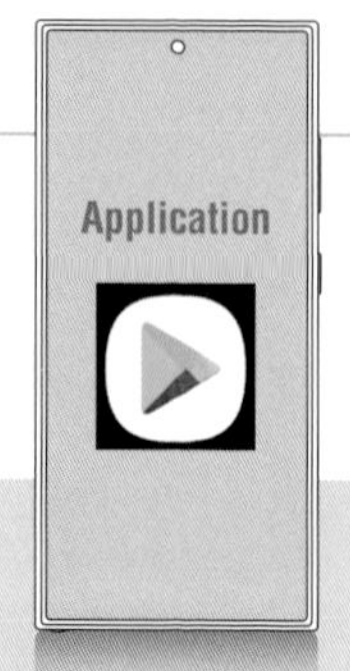

有料アプリを購入する

Google Playで有料アプリを購入する場合、キャリアの決済サービスやクレジットカードなどの支払い方法を選べます。ここではクレジットカードを登録する方法を解説します。

クレジットカードで有料アプリを購入する

① 有料アプリの詳細画面を表示し、アプリの価格が表示されたボタンをタップします。

② 支払い方法の選択画面が表示されます。ここでは［カードを追加］をタップします。

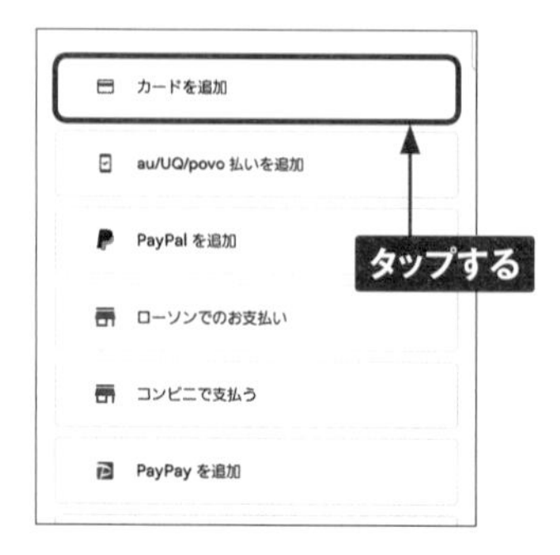

③ カード番号や有効期限などを入力します。［カードをスキャンします］をタップすると、カメラでカード情報を読み取り、入力できます。

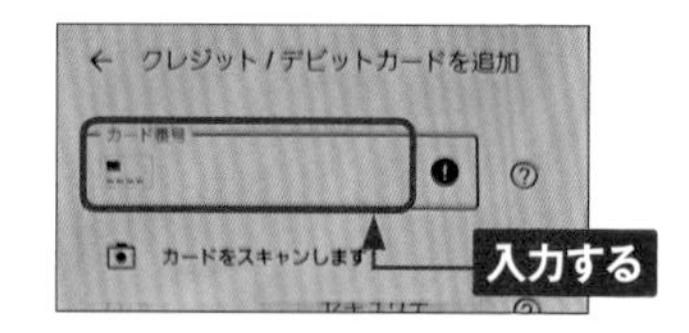

MEMO Google Play ギフトカード

コンビニなどで販売されている「Google Playギフトカード」を利用すると、プリペイド方式でアプリを購入できます。クレジットカードを登録したくないときに使うと便利です。利用するには、手順②で［コードの利用］をタップするか、事前にP.55左側の手順①の画面で［お支払いと定期購入］→［コードを利用］の順にタップし、カードに記載されているコードを入力して［コードを利用］をタップします。

4 名前などを入力し、[カードを保存]をタップします。

5 [1クリックで購入]をタップします。

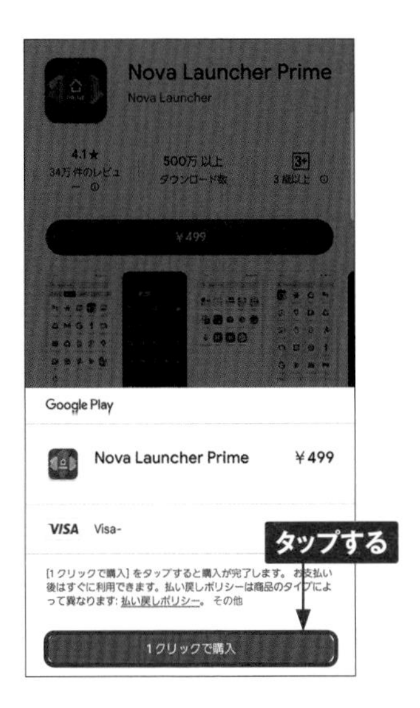

6 認証についての画面が表示されたら、[常に要求する] もしくは [要求しない] をタップします。[OK] → [OK] の順にタップすると、アプリのダウンロード、インストールが始まります。

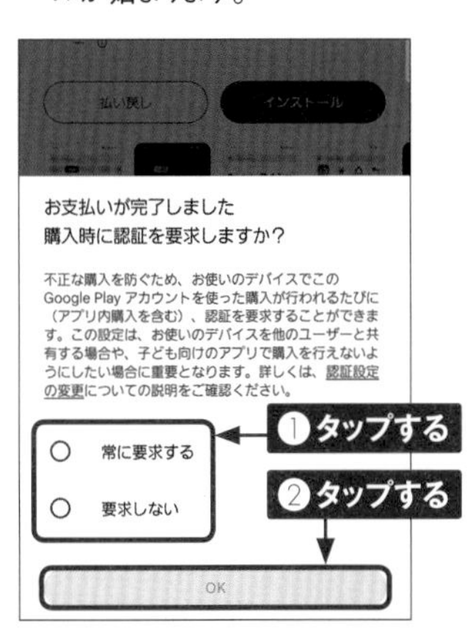

MEMO 購入したアプリを払い戻す

有料アプリは、購入してから2時間以内であれば、Google Play から返品して全額払い戻しを受けることができます。P.55右側の手順を参考に購入したアプリの詳細画面を表示し、[払い戻し] をタップして、次の画面で [払い戻しをリクエスト] をタップします。なお、払い戻しできるのは、1つのアプリにつき1回だけです。

Section 22

音声アシスタントを利用する

Application

S24 ／ S24 Ultraでは、Googleの音声アシスタントサービス「Googleアシスタント」を利用できます。ホームボタンをロングタッチするだけで起動でき、音声でさまざまな操作をすることができます。

Googleアシスタントの利用を開始する

1 画面下部の左端、または右端から中央にスワイプします。

2 Googleアシスタントの開始画面が表示されます。

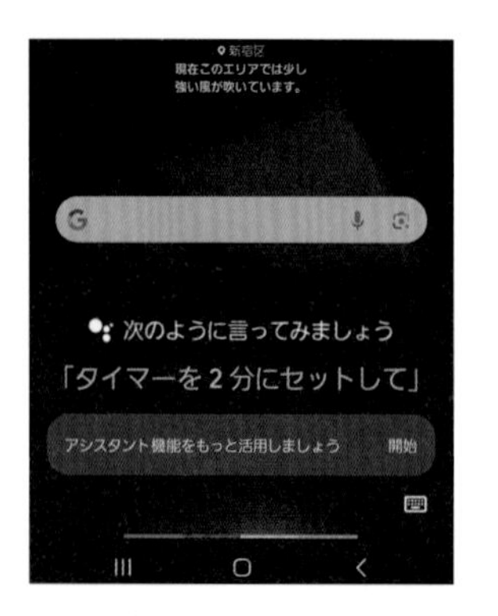

3 少し待つと、Googleアシスタントが利用できるようになります（P.59参照）。

MEMO 音声で起動する

「OK Google」（オーケーグーグル）と発声して、Googleアシスタントを起動することができます。スリープ状態からでも可能です。セキュリティロックを設定した状態で、「アプリ一覧」画面の［Google］をタップし、右上のユーザーアイコン→［設定］の順にタップします。［Googleアシスタント］→［OK GoogleとVoice Match］→［Hey Google］の順にタップして、画面の指示に従って有効にします。

Googleアシスタントへの問いかけ例

Googleアシスタントを利用すると、語句の検索だけでなく予定やリマインダーの設定、電話やメールの発信など、さまざまなことが、S24 ／ S24 Ultraに話かけるだけでできます。まずは、「何ができる?」と聞いてみましょう。

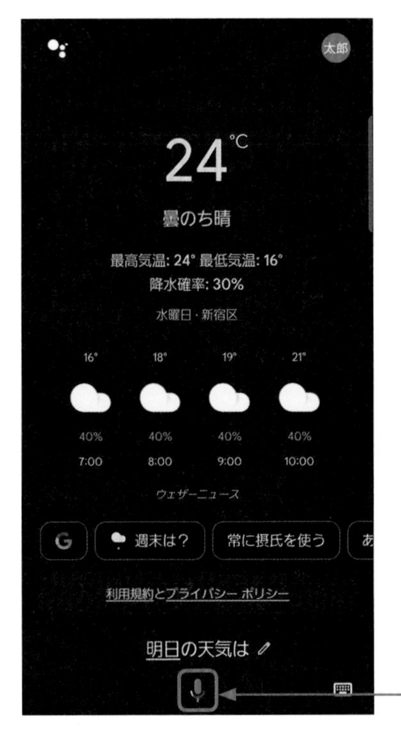

タップして話しかける

●調べ物

「東京タワーの高さは?」
「ビヨンセの身長は?」

●スポーツ

「ガンバ大阪の試合はいつ?」
「セリーグの順位は?」

●経路案内

「最寄りのスーパーまでナビして」

●楽しいこと

「牛の鳴き声を教えて」
「コインを投げて」

Google Gemini

Googleアシスタントを起動したときに、Geminiへの招待が表示される場合があります。このとき「今すぐ試す」をタップすることで、Googleアシスタントから Geminiに切り替えることができます。Geminiとは、Googleの提供する生成AIです。Googleアシスタントの機能に加えて、生成AIが得意とする対話形式からの回答の生成や、画像情報の読み取りも可能です。記事執筆時点（2024年4月）では、利用者が自分からGeminiに移行することはできず、招待を待つ必要があります。

Section 23

被写体や写真の情報を調べる

カメラを通して映し出されたものの情報を教えてくれる「Googleレンズ」アプリが利用できます。被写体の情報を調べたり、文字の翻訳をすることができます。

Googleレンズを利用する

① ホーム画面のGoogle検索ウィジェットの をタップします。

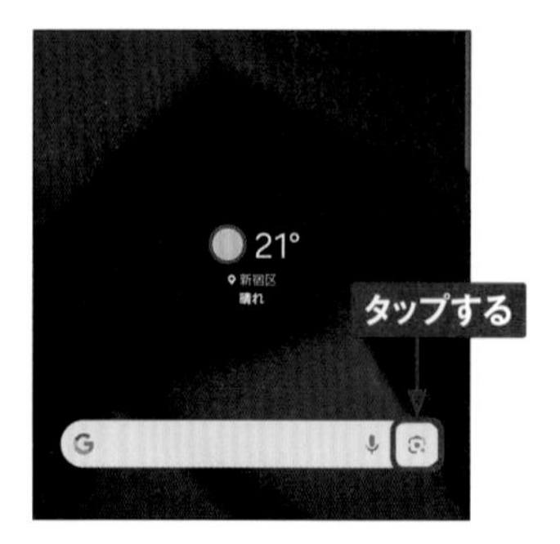

② Googleレンズが起動します。カメラに写したものを調べたい場合は、ここで、 をタップすると、P.61手順⑤の画面が表示されます。本体内の写真の情報も調べたい場合は、［アクセスを許可］をタップします。

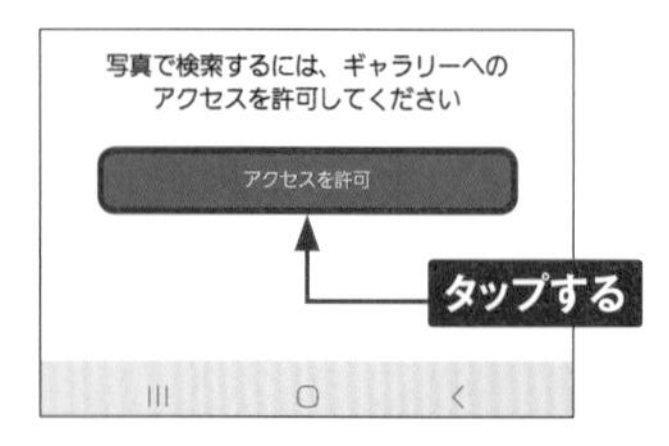

③ ［写真と動画を選択］をタップすると選択したもののみ、［すべて許可］をタップすると本体内のすべての写真を対象にできます。ここでは、［すべて許可］をタップします。P.61手順④の画面が表示されるので、調べたい写真をタップします。

MEMO Googleレンズでできること

Googleレンズでは、被写体のイメージや文字を使った「検索」、被写体内の文字の「翻訳」、被写体内の宿題の問題の答えを表示する「宿題」が利用できます。また、被写体の中の文字の一部を選択して検索したり、翻訳したりもできます。

4 カメラに写した被写体の情報を調べたい場合は、◎をタップします。初回は［カメラを起動］をタップし、次の画面で、［アプリ使用時のみ］または［今回のみ］をタップします。

5 カメラに調べたい被写体を写します。🔍をタップすると、被写体の情報を検索することができます。ここでは、翻訳機能を使うので、［翻訳］をタップします。

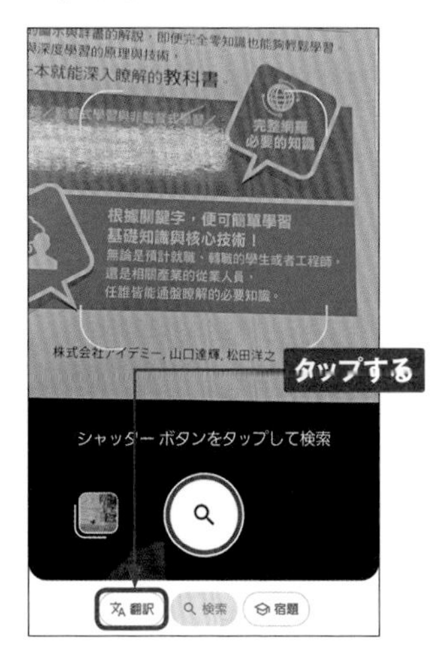

6 カメラに写った文字が翻訳されて表示されます。文Aをタップします。

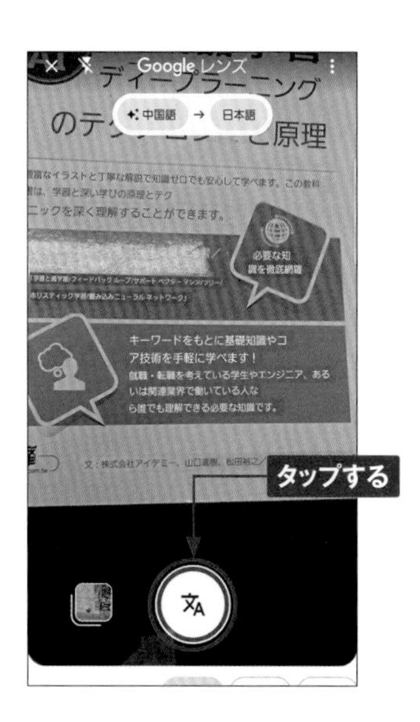

7 文字部分をタップして選択することで、コピーや選択した文字で検索することもできます。

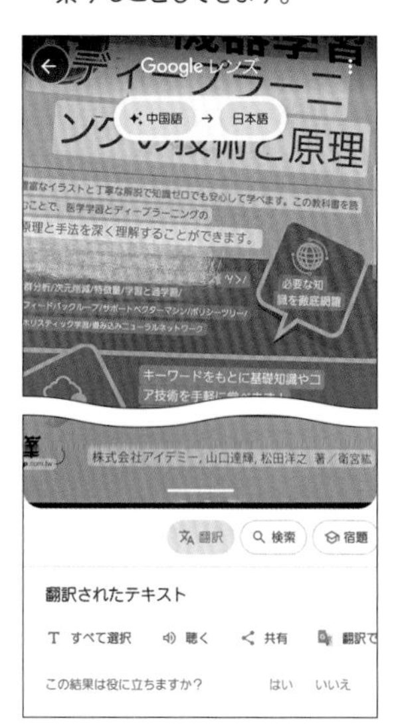

3

Section 24

Googleマップを利用する

Application

「マップ」アプリを利用すれば、現在地や行きたい場所までの道順を地図上に表示できます。なお、「マップ」アプリは頻繁に更新が行われるため、本書と表示内容が異なる場合があります。

マップを利用する準備を行う

1 「アプリ一覧」画面で［設定］をタップします。

2 ［位置情報］をタップします。

3 ［OFF］と表示されている場合は、タップして［ON］にします。

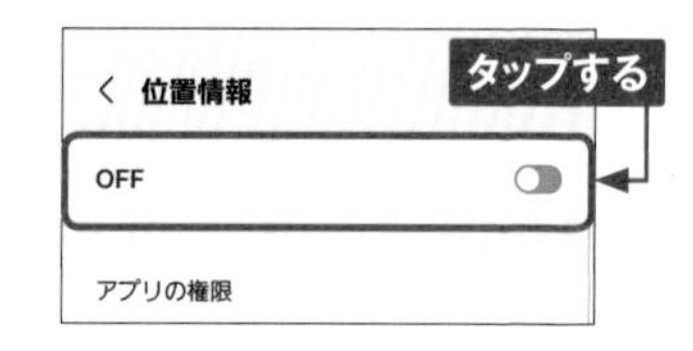

MEMO 位置情報の精度を高める

手順③の画面で、［位置情報サービス］をタップします。画面のように「Wi-Fiスキャン」と「Bluetoothスキャン」が有効になっていると、Wi-FiやBluetoothからも位置情報を取得でき、位置情報の精度が向上します。

マップで現在地の情報を取得する

① 「アプリ一覧」画面で［マップ］をタップします。

② 現在地が表示されていない場合は、◎をタップします。許可画面が表示されたら、［正確］または［おおよそ］のいずれかをタップし、［アプリ使用時のみ］または［今回のみ］をタップします。

③ 地図の拡大・縮小はピンチで行います。スライドすると表示位置を移動できます。地図上のアイコンをタップします。

④ 画面下部に情報が表示されます。タップすると、より詳しい情報を見ることができます。

3

経路検索を使う

1 画面上部の「ここで検索」欄をタップします。

2 「ここで検索」欄をタップして目的地の名前やキーワード、住所を入力します。

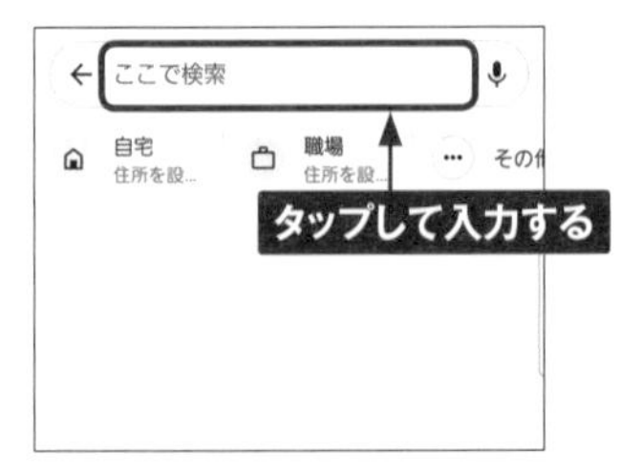

3 🔍をタップするか、下部に表示された候補をタップします。

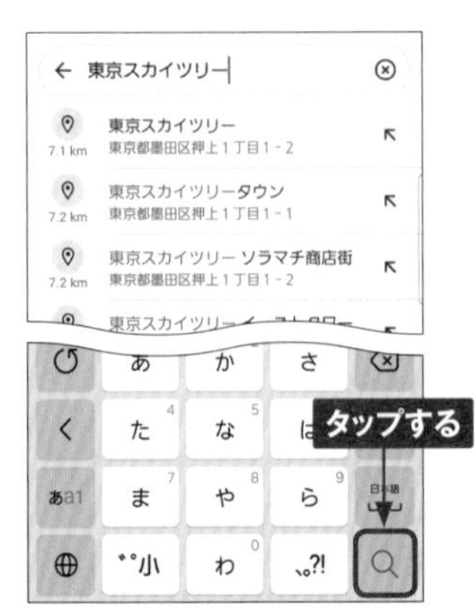

4 目的地が表示されるので、[経路]をタップします。

5 目的地の経路（ここでは車）が表示されます。上部の「現在地」をタップして出発地点の変更、下部の交通手段をタップして交通手段の変更ができます。電車と配車サービス以外では、[ナビ開始]をタップしてナビが利用できます。

Chapter 4

便利な機能を使ってみる

Section 25

おサイフケータイを設定する

S24/S24 Ultraはおサイフケータイ機能を搭載しています。電子マネーの楽天Edyやnanacoをはじめ、さまざまなサービスに対応しています。

4

おサイフケータイの初期設定を行う

① 「アプリ一覧」画面で［おサイフケータイ］をタップします。

② 初回起動時は案内に従って［次へ］をタップします。この画面が表示されたら、［おサイフケータイ～］をタップして、［次へ］をタップします。

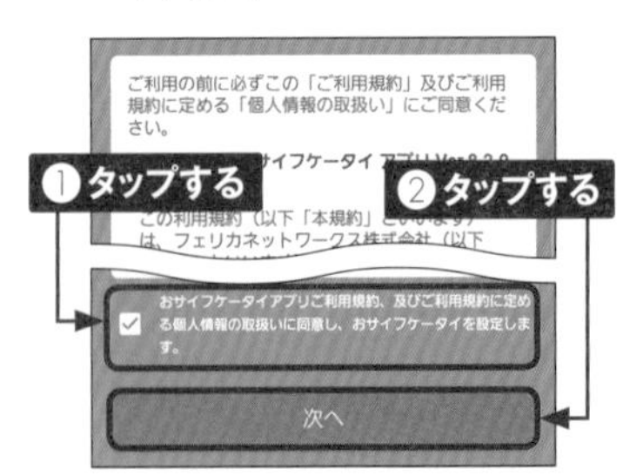

③ 画面の指示にしたがって操作します。この画面が表示されたら、［ログインはあとで］をタップします。

④ ［おすすめ］をタップすると、サービスの一覧が表示されます。ここでは、［nanaco］をタップします。

5 詳細が表示されるので、[アプリケーションをダウンロード] をタップします。

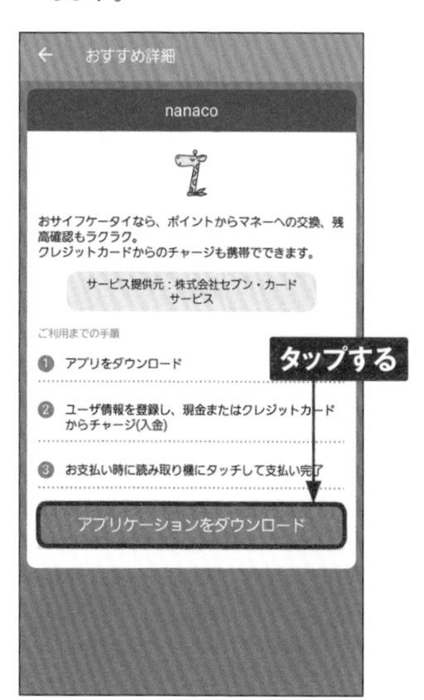

6 「Playストア」アプリの画面が表示されます。[インストール] をタップします。

7 インストールが完了したら、[開く] をタップします。

8 「nanaco」アプリの初期設定画面が表示されます。画面の指示に従って初期設定を行います。

4

Section 26

カレンダーで予定を管理する

S24/S24 Ultraには、予定管理のアプリ「カレンダー」がインストールされています。入力された予定を、S24/S24 Ultraに設定したGoogleアカウントのGoogleカレンダーと同期することもできます。

4

カレンダーを利用する

① 「アプリ一覧」画面で、[カレンダー] をタップします。

② 「カレンダー」が起動します。標準では月表示になっています。画面を左右にスワイプします。

③ 翌月または前月が表示されます。表示形式を変更したい場合は、≡ をタップします。

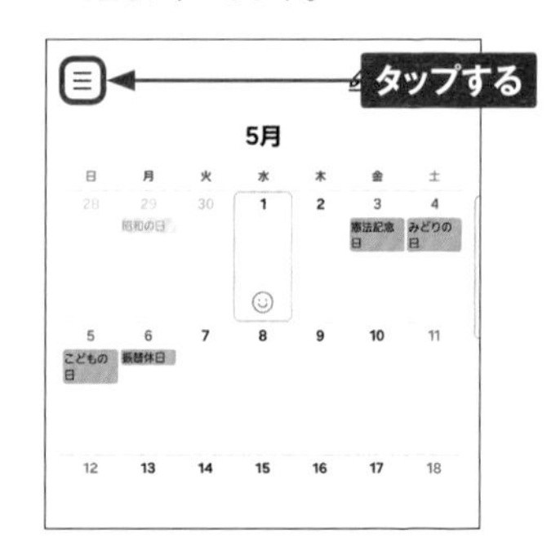

④ 利用したい表示形式をタップすると、表示形式が変更されます。

予定を入力する

① 予定を入力したい日をダブルタップするか、タップして、＋をタップします。

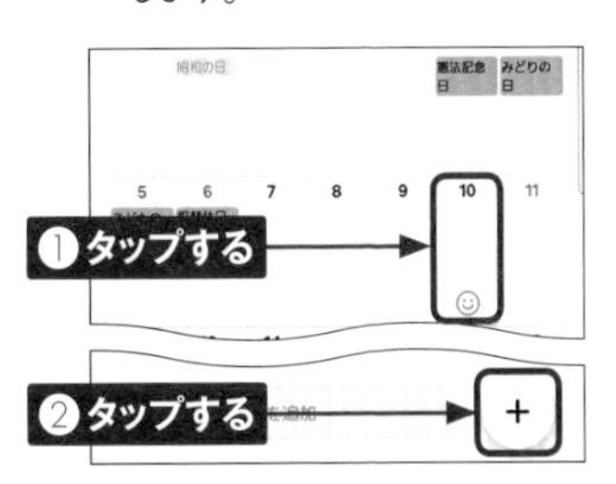

② 予定や時間などを入力して、［保存］をタップします。

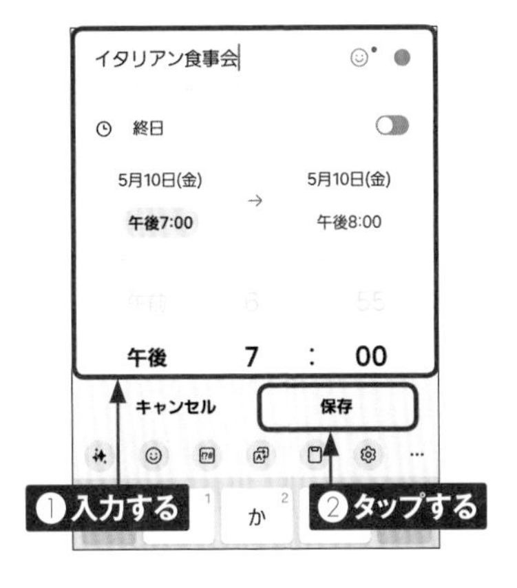

③ 予定が入力されました。画面を上方向にスワイプします。

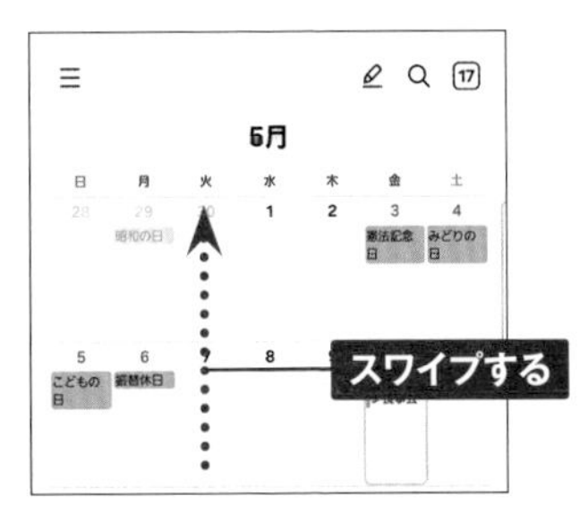

④ 選択された日の予定が画面下部に表示されます。

⑤ 手順③の画面で予定をタップすると、時間が表示されます。予定をタップすると、詳細が表示されます。。

MEMO カレンダーにSペンで書き込む

S24 Ultraでは、月表示画面で、右上の✎をタップすると、Sペンでカレンダーに書き込みができるようになります。書き込みをしたら、［保存］をタップします。

4

Section 27

Application

アラームをセットする

S24/S24 Ultraの「時計」アプリでは、アラーム機能を利用できます。また、世界時計やストップウォッチ、タイマーとしての機能も備えています。

アラームで設定した時間に通知させる

1 「アプリ一覧」画面で、[時計]をタップします。

2 アラームを設定する場合は、[アラーム]をタップして、＋をタップします。

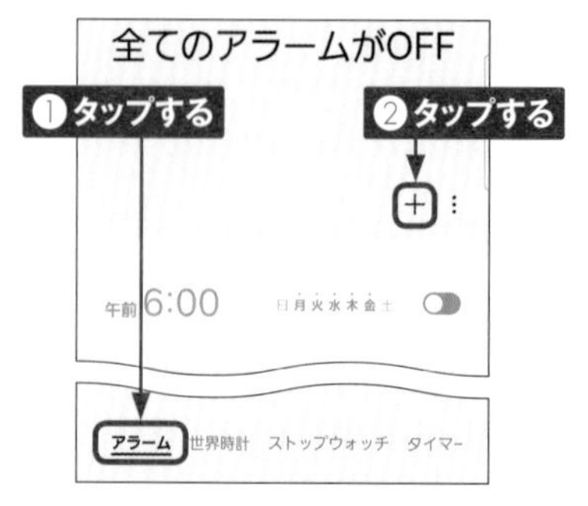

3 [午前]と[午後]をタップして選択し、時刻をスワイプして設定します。をタップします。

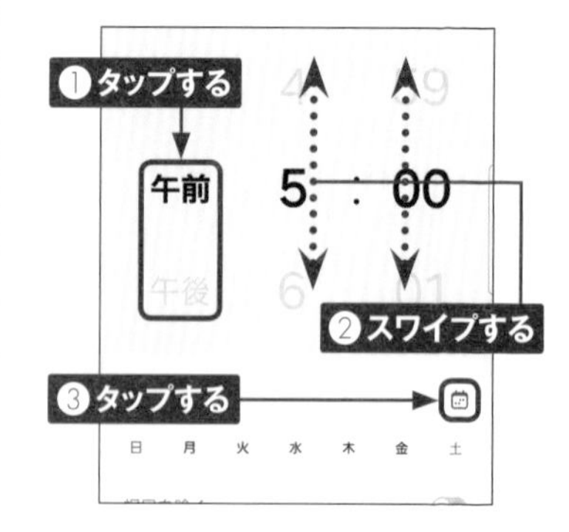

4 日付を変更することができます。設定したい日付をタップして、[完了]をタップします。

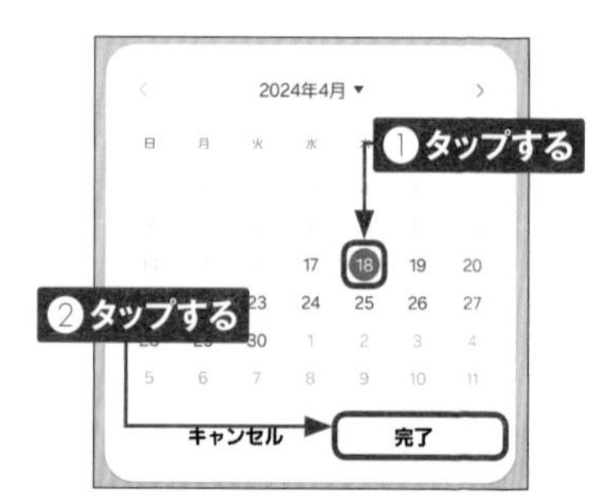

⑤ ［保存］をタップします。

⑥ アラームが有効になります。アラームの右のスイッチをタップしてオン／オフを切り替えられます。アラームを削除するときは、ロングタッチします。

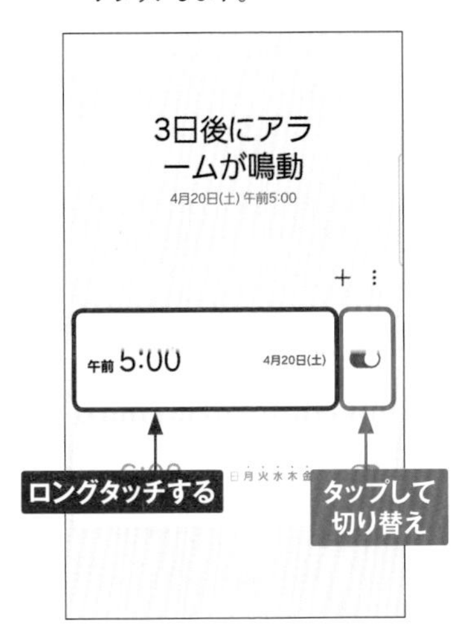

⑦ 削除したいアラームにチェックが付いていることを確認して、［削除］をタップします。

MEMO アラームを解除する

スリープ状態でアラームが鳴ると、以下のような画面が表示されます。アラームを止める場合は、をいずれかの方向にドラッグします。

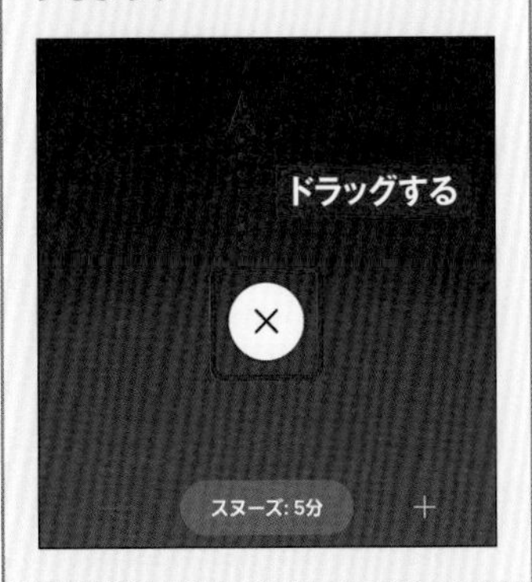

Section 28

パソコンから音楽・写真・動画を取り込む

S24/S24 UltraはUSB Type-Cケーブルでパソコンと接続して、本体メモリーにパソコン内の各種データを転送することができます。お気に入りの音楽や写真、動画を取り込みましょう。

パソコンとS24/S24 Ultraを接続してデータを転送する

① パソコンとS24/S24 UltraをUSB Type-Cケーブルで接続します。Dexについての画面が表示されたら［キャンセル］をタップします。S24/S24 Ultraに許可画面が表示されたら、［許可］をタップします。パソコンでエクスプローラーを開き、［Galaxy S24］または［Galaxy S24 Ultra］をクリックします。

② 本体メモリーを示す［内部ストレージ］をダブルクリックします。

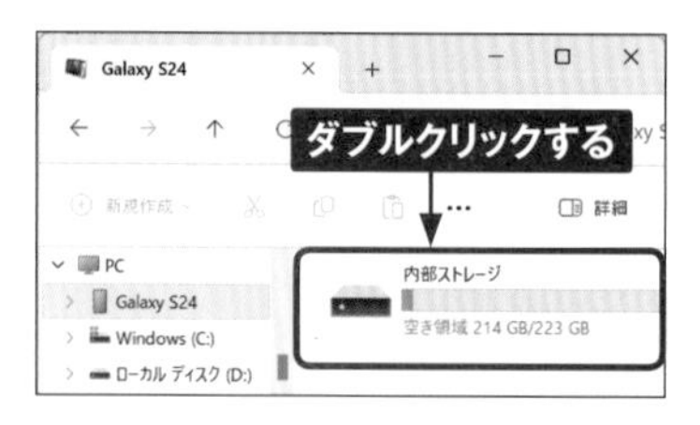

③ 本体内のファイルやフォルダが表示されます。ここでは、フォルダを作ってデータを転送します。Windows 11では、右クリックして、［その他のオプションを表示］→［新規フォルダー］の順にクリックします。

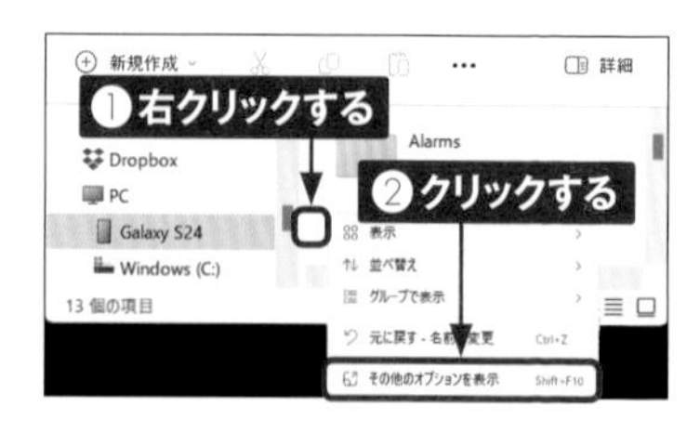

④ フォルダが作成されるので、フォルダ名を入力します。

Software Design も電子版で読める！

電子版定期購読がお得に楽しめる!

くわしくは、
「**Gihyo Digital Publishing**」
のトップページをご覧ください。

電子書籍をプレゼントしよう!

Gihyo Digital Publishing でお買い求めいただける特定の商品と引き替えが可能な、ギフトコードをご購入いただけるようになりました。おすすめの電子書籍や電子雑誌を贈ってみませんか?

こんなシーンで…

- ご入学のお祝いに
- 新社会人への贈り物に
- イベントやコンテストのプレゼントに ………

◎**ギフトコードとは?** Gihyo Digital Publishing で販売している商品と引き替えできるクーポンコードです。コードと商品は一対一で結びつけられています。

くわしい**ご利用方法**は、「**Gihyo Digital Publishing**」をご覧ください。

フトのインストールが必要となります。
刷を行うことができます。法人・学校での一括購入においても、利用者１人につき１アカウントが必要となり、

人への譲渡、共有はすべて著作権法および規約違反です。

⑤ フォルダ名を入力したら、フォルダをダブルクリックして開きます。

⑥ 転送したいデータが入っているパソコンのフォルダを開き、ドラッグ&ドロップで転送したいファイルやフォルダをコピーします。

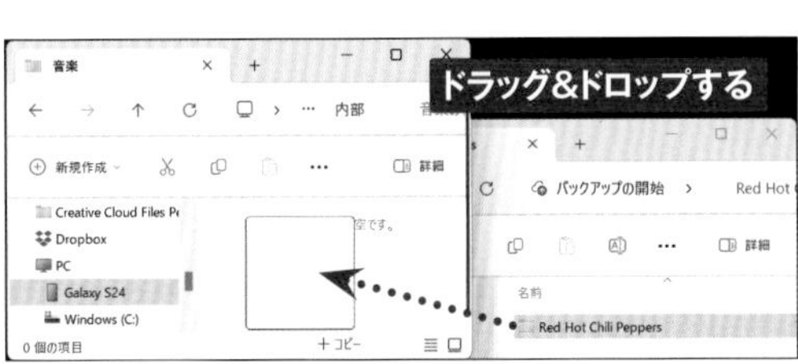

⑦ ファイルをコピー後、S24/S24 Ultraの「マイファイル」アプリを開き、カテゴリにある［オーディオファイル］をタップすると、コピーしたファイルが読み込まれて表示されます。ここでは音楽ファイルをコピーしましたが、写真ファイルなども同じ方法で転送できます。

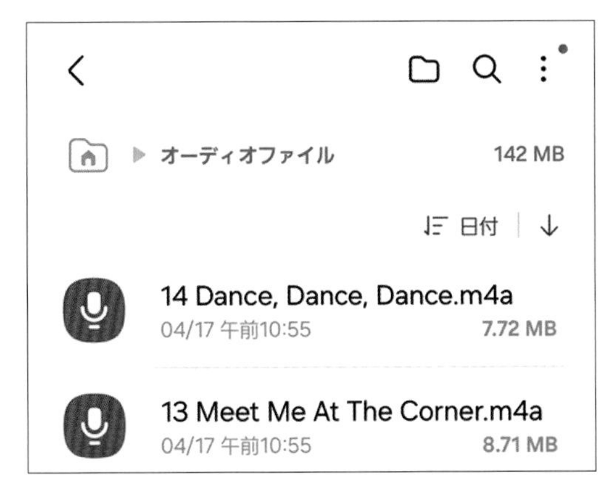

MEMO USB設定

P.72手順①の画面で、［Galaxy S24］または［Galaxy S24 Ultra］が表示されない場合、USB設定がファイル転送になっていない可能性があります。通知パネルを表示し、最下部の通知が「USBをファイル転送に使用」以外になっていたら、通知をタップして開き、再度タップして「USB設定」画面を表示します。［ファイルを転送/Android Auto］以外が選択されていたら、［ファイルを転送/Android Auto］をタップして選択しましょう。

Section 29

本体内の音楽を聴く

本体内に転送した音楽ファイル（Sec.28参照）は、「YT Music」アプリを利用して再生することができます。なお、「YT Music」アプリは、ストリーミング音楽再生アプリとしても利用可能です。

4

本体内の音楽ファイルを再生する

① 「アプリ一覧」画面で、[YT Music] をタップします。

② Googleアカウントを設定していれば、自動的にログインされます。[無料トライアルを開始] または☒をタップし、画面の指示に従って操作します。

③ 「YT Music」アプリのホーム画面が表示されたら、[ライブラリ] をタップします。

④ 「ライブラリ」画面が表示されます。もう一度、[ライブラリ] をタップします。

5 ［デバイスのファイル］をタップします。

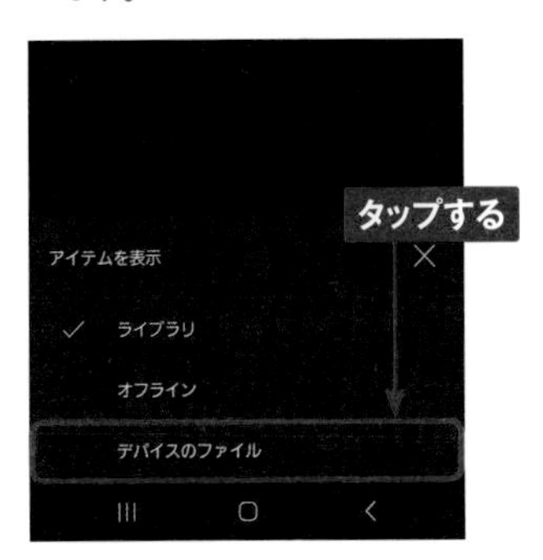

6 ［許可］をタップします。

7 もう一度［許可］をタップします。

8 本体内の曲が表示されるので、聞きたい曲をタップします。

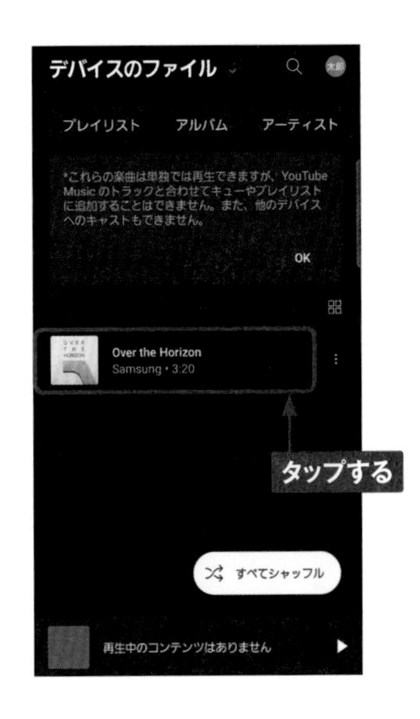

9 曲が再生されます。

4

Section 30

写真や動画を撮影する

S24/S24 Ultraには、高性能なカメラが搭載されています。さまざまなシーンで自動で最適の写真や動画が撮れるほか、モードや、設定を変更することで、自分好みの撮影ができます。

4

写真や動画を撮る

① ホーム画面や「アプリ一覧」画面で をタップするか、サイドキーを素早く2回押します。位置情報についての確認画面が表示されたら、設定します。

② 写真を撮るときは、カメラが起動したらピントを合わせたい場所をタップして、◯をタップすると、写真が撮影できます。また、長押しで動画撮影、USB端子側にスワイプして押したままにすることで、連続撮影ができます。

③ 撮影した後、プレビュー縮小表示をタップすると、撮った写真を確認することができます。画面を左右（横向き時。縦向き時は上下）にスワイプすると、リアカメラとフロントカメラを切り替えることができます。

④ 動画を撮影したいときは、画面を下方向（横向き時。縦向き時は左）にスワイプするか、［動画］をタップします。

⑤ 動画撮影モードになります。動画撮影を開始する場合は、●をタップします。

⑥ 動画の撮影が始まり、撮影時間が画面上部に表示されます。また、オートフォーカス時は、画面をタップすると、ピントの位置を移動することができます。撮影を終了するときは、■をタップします。

⑦ 撮影が終了します。写真撮影モードに戻す場合は、画面を上方向（横向き時。縦向き時は右）にスワイプするか、［写真］をタップします。

撮影画面の見かた

※S24 Ultra写真撮影時初期状態

❶	設定（P.81参照）
❷	フラッシュ設定
❸	タイマー設定
❹	縦横比設定
❺	解像度設定
❻	モーションフォト設定
❼	カメラエフェクト

❽	カメラズームの切り替え
❾	フォーカスエンハンサー（S24 Ultraのみ）
❿	カメラモードの切り替え（P.80参照）
⓫	プレビュー縮小表示
⓬	シャッターボタン
⓭	フロントカメラ／リアカメラの切り替え

リアカメラを切り替えて撮影する

① カメラを起動すると、標準では「1x」の広角カメラが選択されています。[3] をタップします。

② 3倍の望遠カメラに切り替わります。S24 Ultraでは、5倍の望遠カメラを利用することもできます。

③ 画面をピンチすると、拡大・縮小します。右側に表示された目盛りをドラッグしたり、倍率の数字をタップしたりして、ズームの度合いを変更することもできます。

MEMO 2倍ショートカットの追加

手順①のように特定の倍率はショートカットが用意されており、タップするだけで切り替えることができますが、「Camera Assistant」を利用することで、S24では2倍、S24 Ultraでは2倍と100倍のショートカットを追加できます。「Camera Assistant」は「Galaxy Store」アプリからインストールするか、「Good Lock」アプリ（Sec.51参照）から利用できます。インストール後に「設定」を表示し（P.81参照）、[Camera Assistant] をタップして、S24では [2x トリミングズームのショートカット]、S24 Ultraでは、[ズームのショートカット] → [2x] の順にタップします。

その他のカメラモードを利用する

① 「カメラ」アプリを起動し、[その他]をタップします。

② 利用できるモードが表示されるので、タップして選択します。

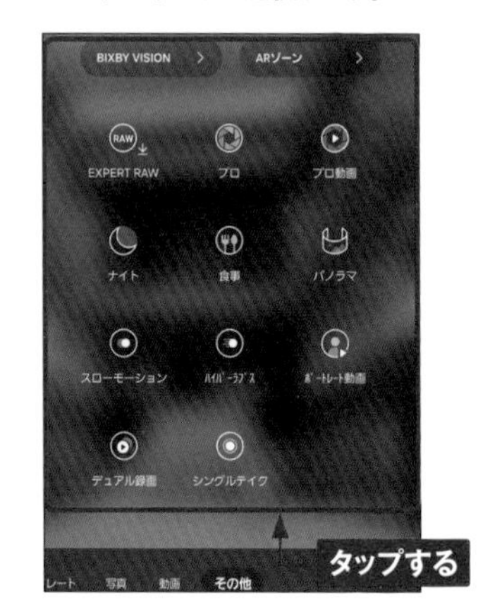

利用できるカメラモード

BIXBY VISION	「Bixby Vision」で被写体の情報を調べられます。
ARゾーン	顔を認識させてAR絵文字を作成したり、認識した人物や物体に追従する手書き模様を描けます。
EXPART RAW	多彩な撮影機能を持つ「Expert RAW」アプリを利用できます(P.84参照)。
プロ	写真撮影時に露出、シャッタースピード、ISO感度、色調を手動で設定できます。また、RAW写真も撮影できます。
プロ動画	動画撮影時に露出など各設定を手動で調整できます。
ナイト	暗い場所でも明るい写真を撮影できます。
食事	食べ物撮影で、ボカしを設定できます。
パノラマ	垂直、水平方向のパノラマ写真を作成できます。
スローモーション	スローモーション動画を撮影できます。
ハイパーラプス	早回しのタイプラプス動画を撮影できます。
ポートレート動画	背景をボカした動画を撮影できます。
デュアル録画	フロントを含む4つのカメラから2つのカメラを選んで、動画を撮影できます(P.85参照)。
シングルテイク	1度の撮影で複数の写真や動画を撮影します。

カメラの設定を変更する

●カメラの設定を変更する

① カメラの各種設定を変更する場合は、⚙をタップします。

② 「カメラ設定」画面が表示され、設定の確認や変更ができます。

●比率や解像度を変更する

① 画面上部の縦横比設定アイコンや解像度設定アイコン（P.78参照）をタップすると、写真や動画の縦横比や解像度を変更することができます。

② アイコンをタップしてメニューが表示されたら、縦横比や解像度をタップして選択します。

Section 31

さまざまな機能を使って撮影する

S24/S24 Ultraでは、さまざまな撮影機能を利用することができます。上手に写真を撮るための機能や、変わった写真を撮る機能があるので、いろいろ試してみましょう。

4

ナイトモードを利用する

1 夜間や暗い部屋などでの撮影時は、「ナイト」モードを利用することができます。この機能を利用するには、［その他］をタップします。

2 ［ナイト］をタップします。

3 「ナイト」モードになると、撮影時間が表示されます。シャッターボタンをタップし、秒数が表示されている間、本体を動かさないようにして撮影します。

背景をボカした写真や動画を撮影する

① 「カメラ」アプリを起動し、写真の場合は、[ポートレート]をタップします(動画の場合は[その他]→[ポートレート動画])。

② 被写体にカメラを向けます。被写体との距離が適切でないと、画面上部に警告が表示されます。「準備完了」と表示されたら、撮影することができます。ボカしの種類を変更したい場合は、◉をタップし、アイコンをタップします。

③ 強さを変更したい場合は、スライダーをドラッグします。

④ シャッターボタンをタップすると、撮影することができます。なお、ボカしの種類や強さは、撮影後でも、「ギャラリー」アプリで変更することができます。

4

天体写真を撮影する

①星空を撮影する場合は、「Expert RAW」モードを利用します。「カメラ」アプリを起動し、[その他]→[EXPERT RAW]の順にタップします。初回は、「Expert RAW」アプリのインストールが必要です。

②「EXPERT RAW」画面が表示されたら、をタップします。ここでは、スカイガイドを表示して撮影します。[表示]をタップして、撮影時間をタップして設定し、をタップします。

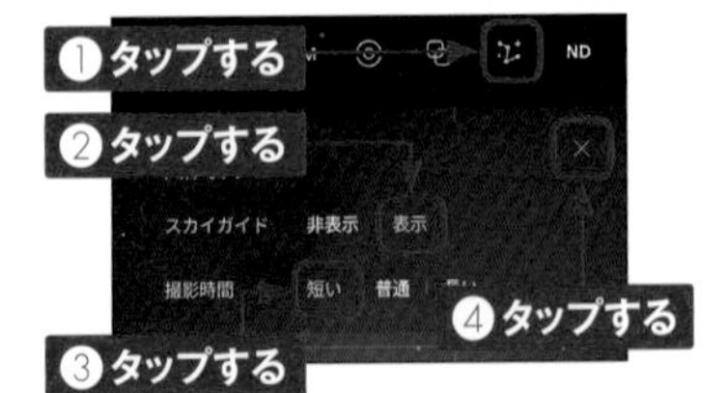

MEMO Expert RAWとは

「EXPERT RAW」は、ISO、シャッター速度などのカメラ設定を直接操作できるアプリです。インストールすると、「アプリ一覧」画面にも表示され、ここから起動することもできます。標準で撮影データはJPEG形式とRAW形式の2つのファイルが、本体の「DCIM」フォルダ内の「Expert RAW」フォルダに保存されます。

③画面に星座などが表示されます。本体を三脚などで固定して、シャッターボタンをタップします。

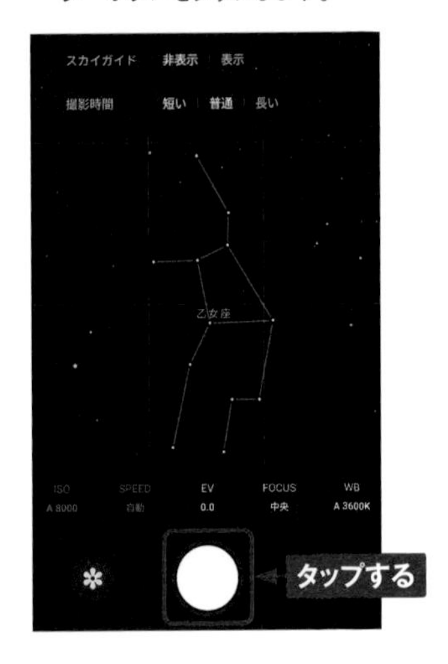

④手順②で設定した時間が経過すると、撮影終了です。

デュアル録画を利用する

① 「カメラ」アプリを起動し、[その他]→[デュアル録画]の順にタップします。

② デュアル録画は、同時に2つのカメラで動画を撮れる機能です。メイン動画画面の右上に、サブのカメラの画面が表示されます。カメラを変更したい場合は、をタップします。

③ カメラを「フロント」「広角」「超広角」「望遠」から、2つタップして選択します。のアイコンがメイン、がサブになります。メインとサブはタップして切り替えることができます。カメラを選択したら、[OK]をタップします。

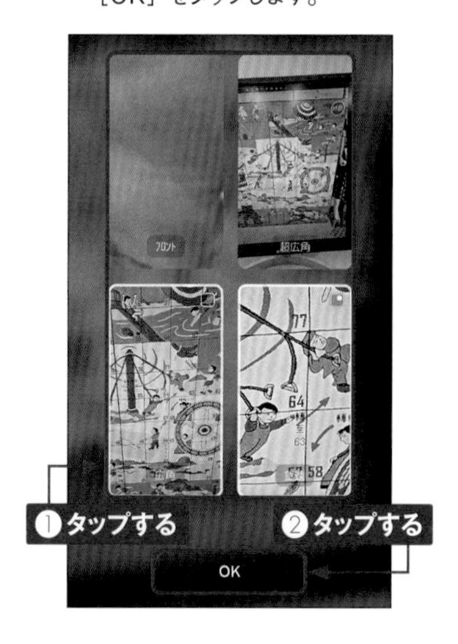

④ サブ画面の左上のをタップするとサブ画面の拡大、右上のをタップすると非表示にできます。

Section 32

写真や動画を閲覧する

カメラで撮影した写真や動画は「ギャラリー」アプリで閲覧することができます。S24/S24 Ultraの多彩な撮影機能を活かした閲覧、また写真や動画の編集をすることができます。

写真を閲覧する

① 「アプリ一覧」画面で、［ギャラリー］をタップします。

② 本体内の写真やビデオが一覧表示されます。［アルバム］をタップすると、フォルダごとに見ることができます。見たい写真をタップします。

③ 写真が表示されます。ピンチやダブルタップで拡大縮小をすることができます。写真をタップします。

④ メニューが消えて、全画面表示になります。再度画面をタップすることで手順③のメニューが表示された画面になります。

動画を閲覧する

① P.86手順②の画面を表示して、見たいビデオをタップします。動画のサムネイルには、下部に再生マークと時間が表示されています。

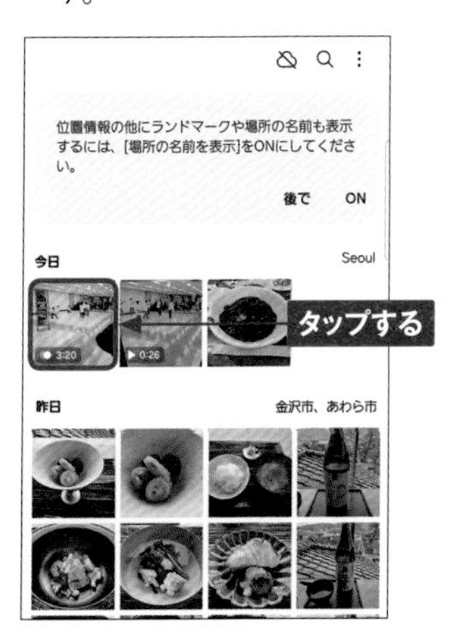

② ビデオが再生されます。画面右上の ⋮ → [動画プレーヤーで開く] の順にタップします。

③ 画面が「ギャラリー」から「動画プレーヤー」に変わります。画面をタップします。

④ メニューが表示されます。「ギャラリー」に戻るには、再生が終わるまで待つか、<を2回タップします。

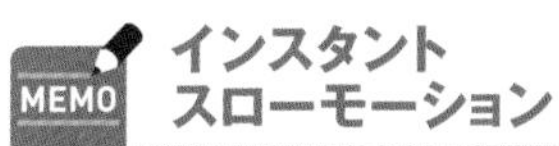

MEMO インスタントスローモーション

手順②～④で動画を再生中に画面を長押しすると、動画がスローモーションになります。これは、AI機能で本来のコマとコマの間にコマを補完することで実現しています。

写真の情報を表示する

①「ギャラリー」アプリで写真を表示して、上方向にスワイプします。

②写真の情報が表示されます。[編集]をタップします。

③日付やファイル名を変更することができます。また、位置情報の右の⊖をタップすると、位置情報を削除することができます。編集が終わったら［保存］をタップします。

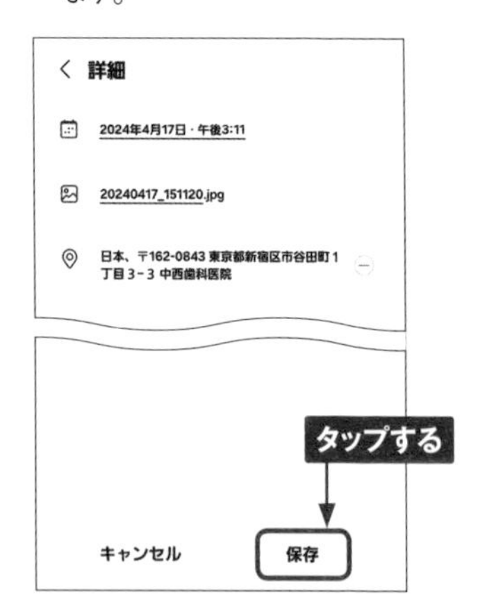

④手順②で地図をタップすると、本体内の写真で位置情報が記録されている写真が、地図上に表示されます。

写真や動画を削除する

① 写真や動画を削除したい場合は、P.86手順②の画面で、削除したい写真や動画をロングタッチします。

② ロングタッチした写真や動画にチェックマークが付きます。ほかに削除したい写真や動画があればタップして選択し、[削除] をタップします。

③ [ごみ箱に移動] をタップすると、写真や動画がごみ箱に移動します。ごみ箱に移動した写真や動画は、30日後に自動的に完全に削除されます。また、30日以内であれば復元することができます。

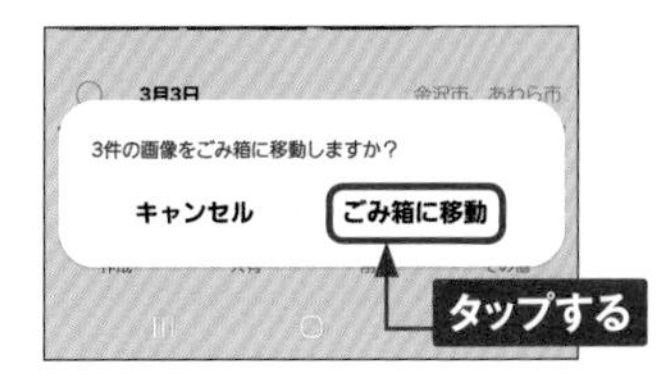

④ 30日より早く削除したい場合や、復元したい場合は、手順①の画面で画面右下の三をタップし、[ごみ箱] をタップします。

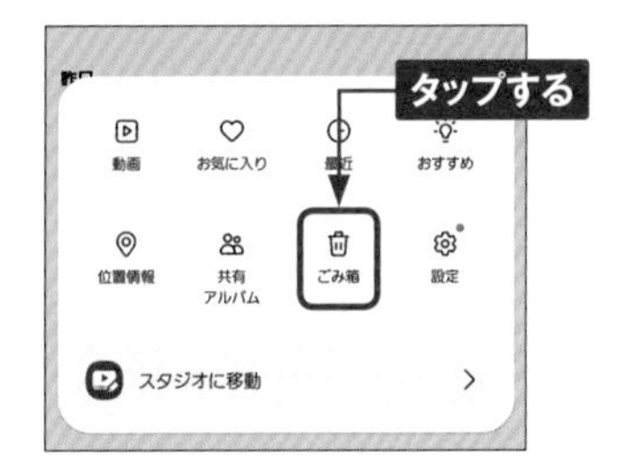

⑤ [編集] をタップし、完全に削除したい（もしくは復元したい）写真や動画をタップして選択し、[削除]（または [復元]）をタップします。

4

Section 33

Application

写真や動画を編集する

「ギャラリー」アプリでは、撮影した写真や動画を編集できます。写真を簡単に補正できるほか、トリミングやフィルター、動画のトリミングや編集などができます。

AIの編集提案を利用する

① 「ギャラリー」アプリで編集したい写真を表示し、上方向にスワイプします。

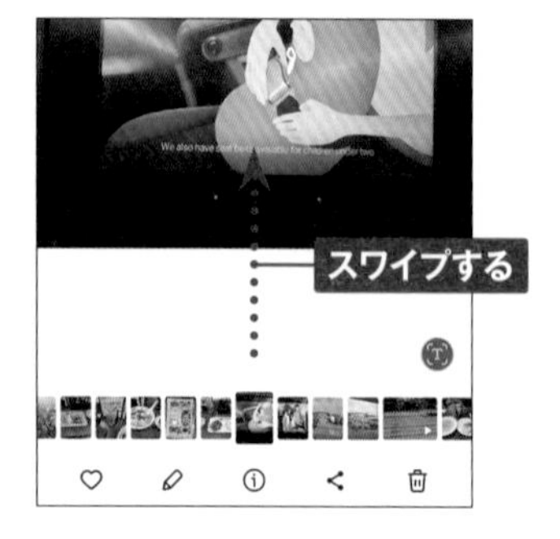

② 写真に補正や修正が必要な個所があれば、左下にAIの提案する編集メニューが表示されます。いずれか（ここでは［補正］）をタップします。

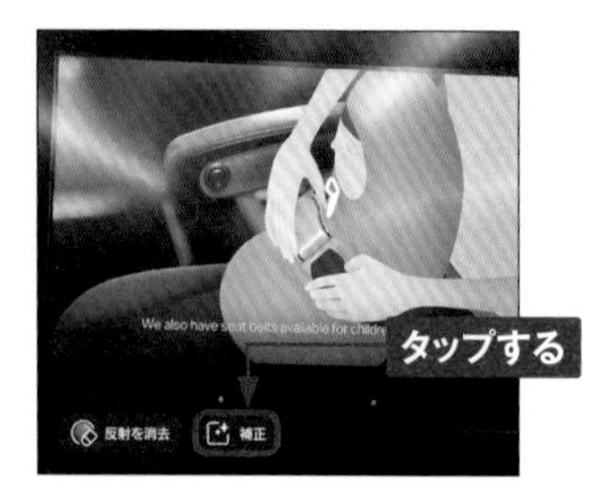

③ 補正前と後を比較して確認することができます。［保存］をタップすると、補正後の写真が元の写真とは別に保存されます。

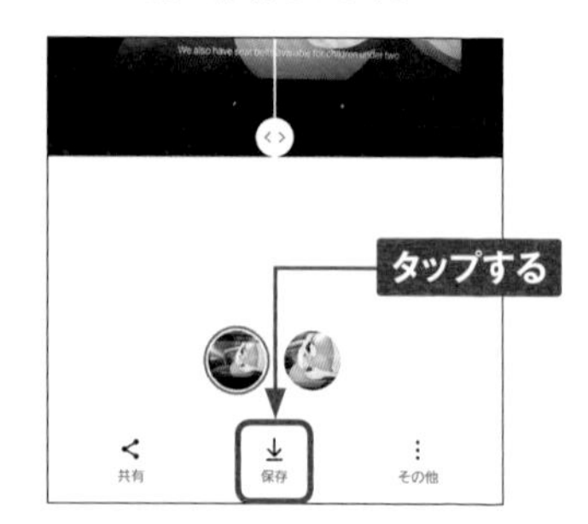

MEMO **Lightroomを利用する**

「Galaxy Store」アプリ（Sec.36参照）では、RAW画像の現像や補正ができる「Adobe Lightroom for Samsung」が提供されています。なお、「Galaxy Store」アプリからのダウンロードとインストールにはSamsungアカウントが、Lightroomの利用にはAdobe IDが必要です。

写真を編集する

① 「ギャラリー」アプリで編集したい写真を表示し、をタップします。なお、この画面で、写真内のオブジェクトをロングタッチして、コピーや保存、スタンプ作成ができます。

② トリミングや角度の変更ができます。下部のアイコンをタップすると、別の編集が行えます。をタップします。

③ ライトバランスや明るさを変更できます。をタップします。

④ その他の編集メニューが表示されます。

AI機能を利用して写真を編集する

1 オブジェクトの移動や消去をしたい写真で、P.91手順②の画面を表示して、✦をタップします。なお、この機能の利用にはSamsungアカウント（Sec.35参照）が必要です。初回は案内や確認画面が表示されます。

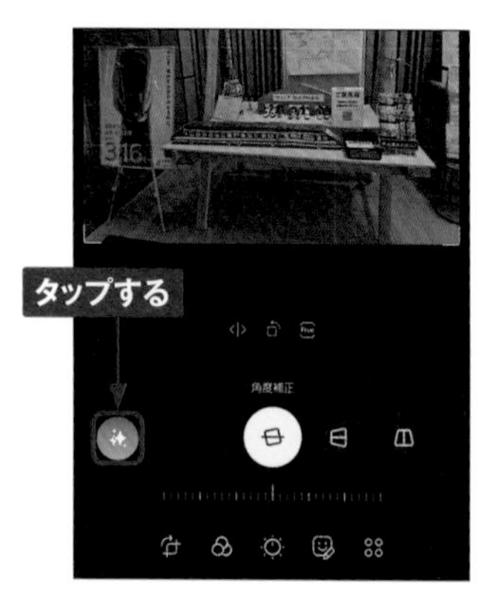

2 移動または削除したい対象をタップするか、輪郭をなぞります。

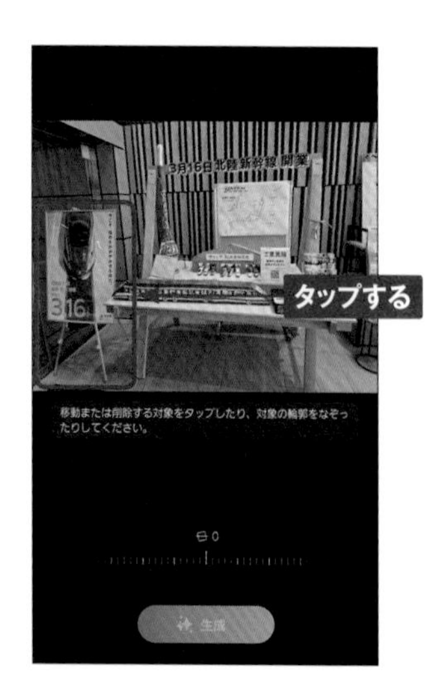

3 ここではオブジェクトの場所を移動します。オブジェクトを長押しし、移動したい場所へドラッグします。

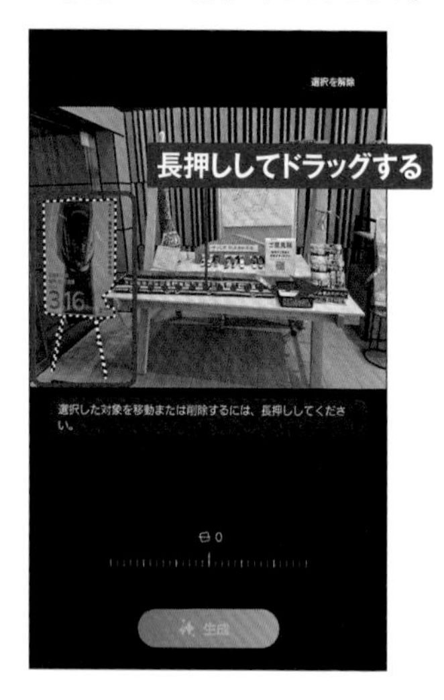

4 角度などを調整して、[生成]をタップします。◇をタップすると、オブジェクトを消去できます。

5 オブジェクトが元あった場所の背景が、AIで補完されます。［完了］をタップします。

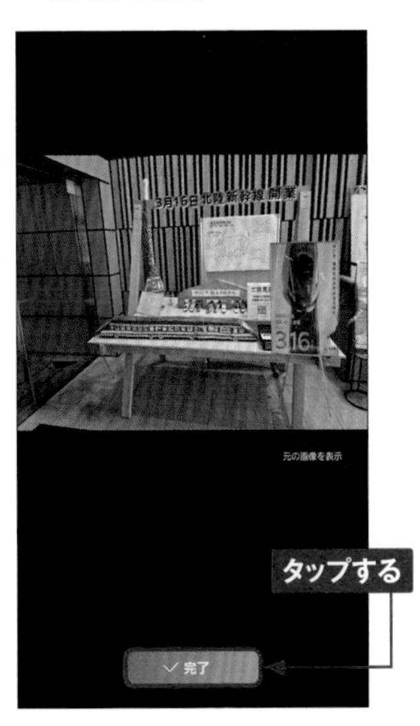

6 ［コピーとして保存］をタップします。

7 確認画面が表示されたら［OK］をタップします。

8 編集画像が保存されます。

4

動画を編集する

1 「ギャラリー」アプリで編集したい動画を表示し、🖊をタップします。

2 まず、動画をトリミングします。✂をタップします。

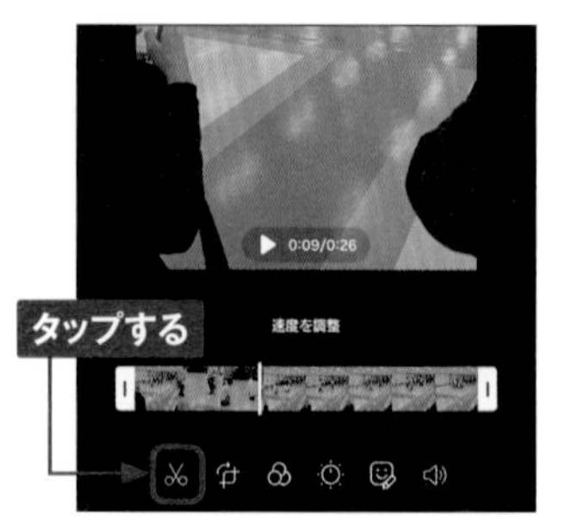

3 下部に表示されたコマの左右にあるハンドルをドラッグして、トリミング範囲を設定します。

4 次に、動画にテキストを表示します。☺をタップして、[テキスト]をタップします。

5 表示したいテキストを入力します。

6 入力が終わったら、[完了] をタップします。左のスライダーで文字の大きさ、下部のアイコンでフォントの種類を変更することができます。

7 テキスト枠をドラッグして位置を変更します。

8 下部の黄色い枠をドラッグして、テキストを表示する時間を設定します。編集が終わったら、[保存] をタップします。

9 [保存] をタップします。

4

写真や動画を結合する

1. 「ギャラリー」アプリを起動し、右下の三をタップして、[スタジオに移動]をタップします。

2. 初回は「スタジオ」アプリのアプリ画面への追加画面が表示されるので、[今はしない]もしくは[追加]をタップします。[新規プロジェクトを開始]をタップします。

3. 結合したい写真や動画をタップして選択し、[完了]をタップします。

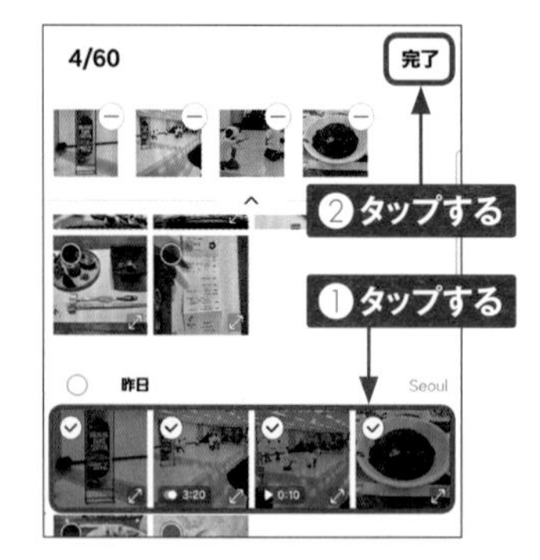

4. 下部に読み込まれた写真や動画が表示されます。

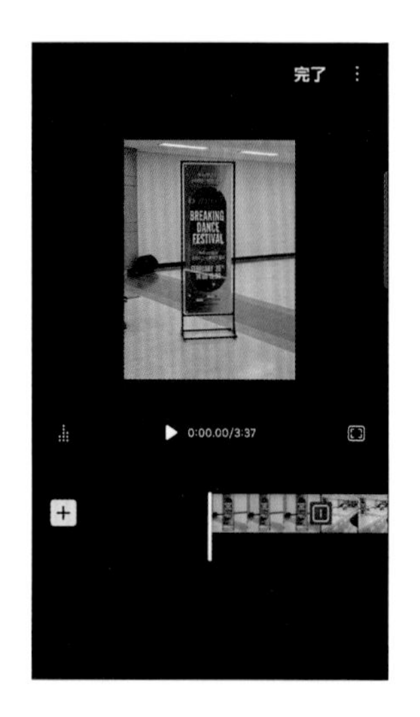

5. 写真や動画の順番を変更する場合は、変更したい写真や動画を長押しします。

4

⑥ ドラッグして、移動したい位置で指を離します。

⑦ 順番が変わりました。各クリップの切り替え効果を設定するときは、▢をタップします。

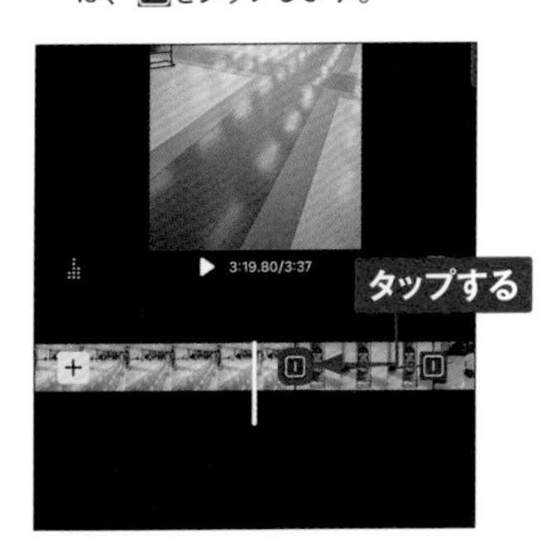

⑧ 設定したい切替効果を、タップして選択します。すべての編集が終わったら、[完了] をタップします。

⑨ [ムービーを保存] をタップします。

⑩ P.96手順②の画面に戻り、作成した動画が表示されます。

Section 34

Quick Shareで共有する

Application

S24/S24 Ultraでは、端末内のファイルや写真、WebページのURLなどを近くの別の端末に送信できる「Quick Share」が利用できます。気軽にファイルなどをやり取りできる便利な機能です。

4

Quick Shareの設定を確認する

① 「設定」アプリを起動し、[接続デバイス]をタップします。

② [Quick Share]をタップします。

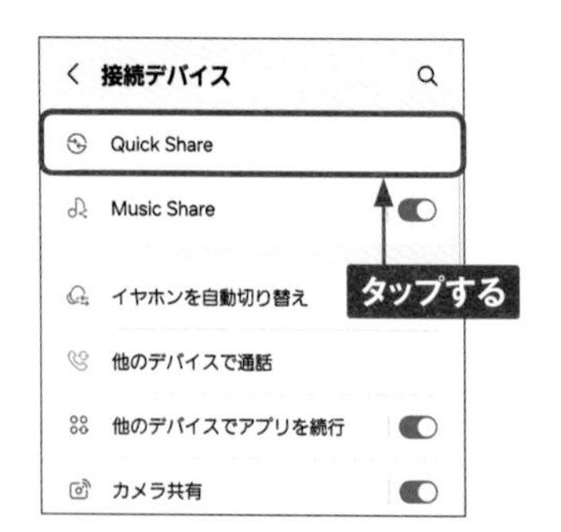

③ Quick Shareの設定が確認できます。特に「共有を許可するユーザー」欄が適切な設定になっているか、確認しておきましょう。

MEMO **Quick Share**

Quick Shareは、すばやく安全にファイルを共有できる機能です。メールに添付するより楽に写真や動画、ドキュメントなどを送信できます。パソコンに「Quick Share」アプリをインストールすることで、パソコンにも送信することができるようになります。

Quick Shareを利用する

1 アプリで共有したいファイルなどを表示し、[共有] をタップします (画面は「フォト」アプリ)。

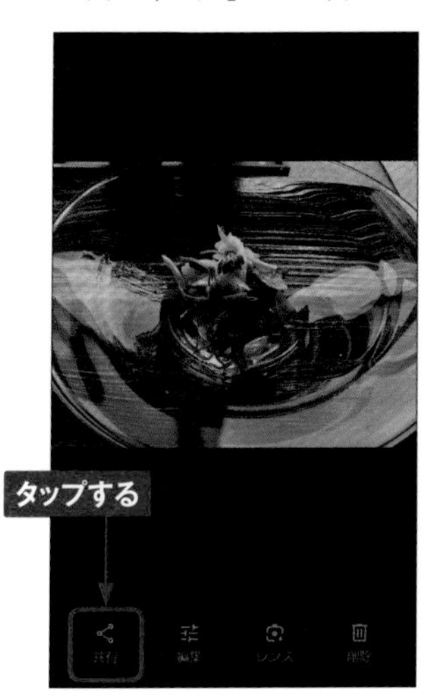

2 [Quick Share] をタップします。

3 「近くのデバイスと共有」欄に、近くにあるスリープ状態ではない共有を許可するユーザーのデバイスが表示されるので、タップします。

4 「送信完了」と表示されれば、送信成功です。

5 受信側にはこのような画面が表示されるので、[承認] をタップします。ここでは写真を送信しているので、この後の画面で [開く] をタップすると、送信された写真が表示されます。

そのほかのQuick Shareの機能

●QRコードで共有する

① 「共有を許可するユーザー」ではない近くの人と共有するのに便利なのがQRコードです。P.99手順③の画面を表示して、をタップします。

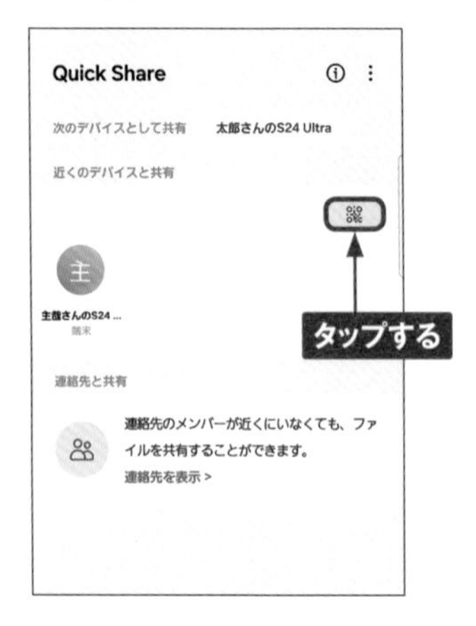

② QRコードが表示されるので、これを受信側の人に読み取ってもらいます。また、[URLをコピー] をタップして、リンクの送信もできます。

●近くにいない友達と共有する

① 「連絡先」アプリに登録された相手であれば、近くにいなくてもリンクを送信して共有することができます。左の手順①の画面で［連絡先を表示］をタップして、送信したい相手をタップします。

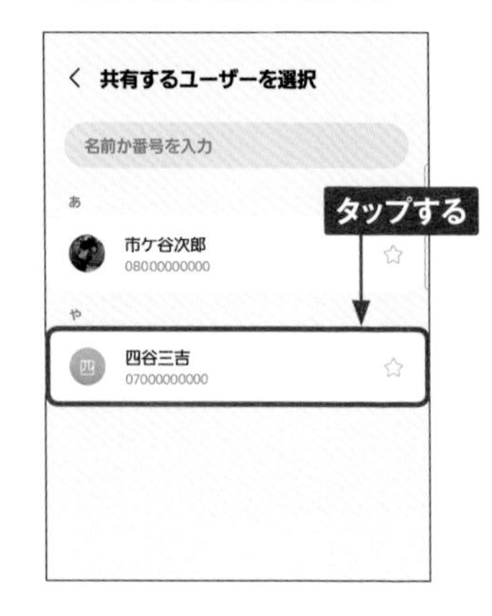

② 「送信完了」と表示され、相手にはファイルのリンクが送信されます。

Chapter 5

独自機能を使いこなす

Section 35

Samsungアカウントを設定する

Application

この章で紹介する機能の多くは、利用する際にSamsungアカウントをS24 ／ S24 Ultraに登録しておく必要があります。ここでは［設定］アプリからの登録手順を紹介します。

Samsungアカウントを登録する

1 「設定」アプリを起動し、［アカウントとバックアップ］→［アカウントを管理］→［アカウントを追加］→［Samsungアカウント］の順にタップします。

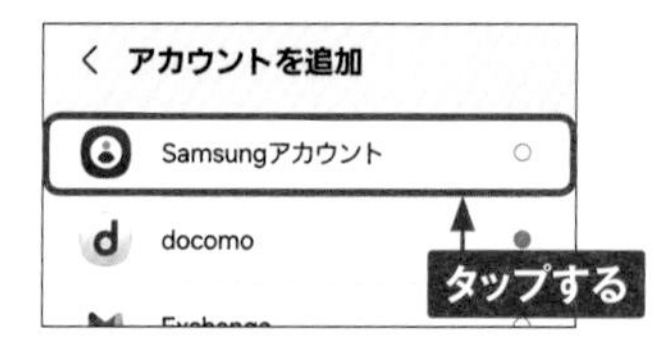

2 ここでは新規にアカウントを作成します。［パスワードを～］をタップし、次の画面で［アカウントを作成］をタップします。既にアカウントを持っている場合は、［Eメール／電話番号］をタップします。

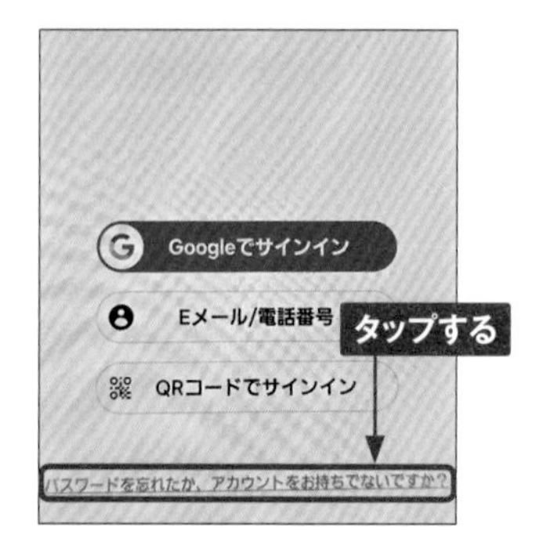

3 「法定情報」画面が表示されるので、各項目を確認してタップし（最低限画面の項目）、［もっと見る］→［同意する］をタップします。

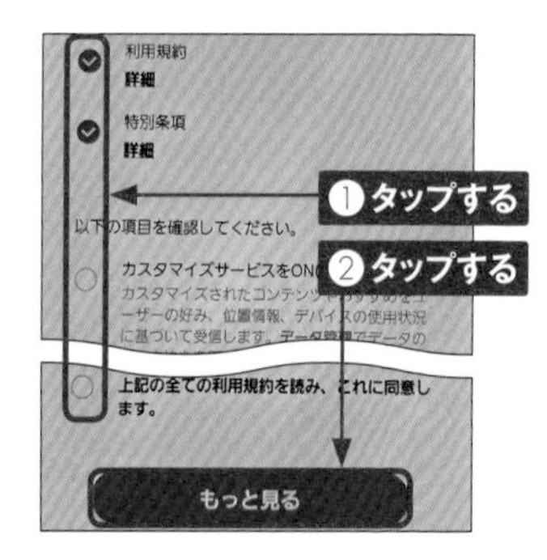

MEMO **Samsungアカウントの役割**

Samsungアカウントは、この章で紹介するサムスン提供のサービスを利用するために必要です。また、アカウントを登録することで、「Galaxy Store」でアプリやテーマをダウンロードしたり、設定をSamsungクラウドにバックアップすることができます。

4 「アカウント」画面が表示されるので、アカウントに登録するメールアドレスとパスワード、名前を入力し、生年月日を設定して、[アカウントを作成] をタップします。

5 認証画面が表示されます。本体の電話番号が表示されるので、[OK] をタップします。

6 認証メールが届いたら、メールを開き、[アカウントを認証] をタップします。

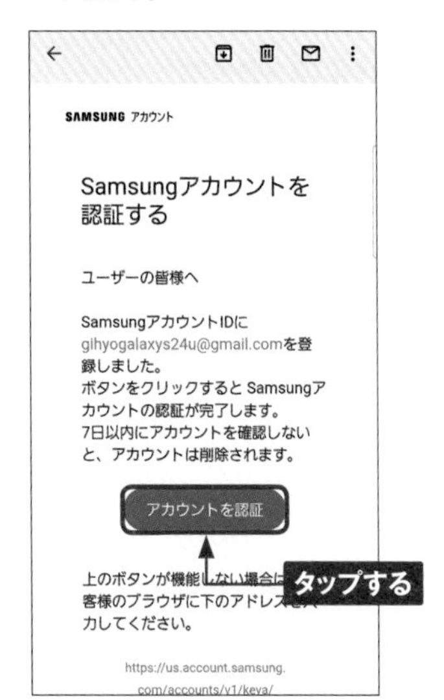

7 これでSamsungアカウントが登録されます。

5

Section 36

Application

Galaxy Storeを利用する

S24 ／ S24 Ultraでは、Galaxyシリーズ向けのアプリストア「Galaxy Store」を利用することができます。ゲームやアプリなどをインストールすることができ、サムスン製アプリの管理もできます。

Galaxy Storeでアプリを検索する

① 「アプリ一覧」画面で、[Galaxy Store]をタップします。初回は[同意する]をタップします。

② 「Galaxy Store」アプリが起動します。アプリを探すときは、🔍をタップします。

③ キーワードを入力し、🔍をタップします。

④ 検索結果が表示されます。インストールしたいアプリがあれば、⤓をタップすると、インストールすることができます。

Galaxy Storeでアプリを更新する

1 S24 ／ S24 Ultra内のGalaxy Store提供アプリの更新を確認するには、「Galaxy Store」アプリで、［メニュー］をタップします。

2 更新のあるアプリがあれば、「更新」にバッジが表示されます。［更新］をタップします。

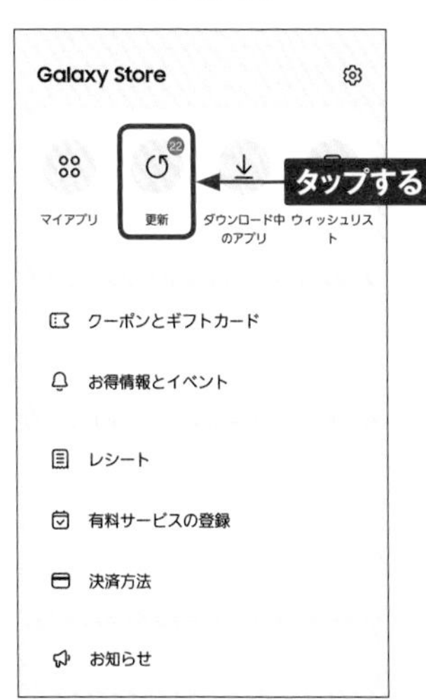

3 ［全て更新］、もしくは個別のアプリをタップして個別に更新します。

MEMO

Galaxy Storeの特徴

Galaxy Storeには、ゲームやアプリが登録されており、インストールして利用することができます。ほとんどは、「Google Play」（Sec.19参照）でも提供されているものですが、ゲームの場合は独自のスキンやキャラクター、割引など、独自のサービスが提供されます。また、S24 ／ S24 Ultra用の壁紙やテーマ（Sec.54参照）も、提供されています。ユーザー向けの独自キャンペーンや追加特典が提供されることもあるので、ときどきアプリを確認してみましょう。

5

Section 37

ノートを利用する／整理する

「Notes」アプリは、テキスト、手描き、写真などが混在したノートを作成できるメモアプリです。そのため、メモとしてはもちろん、日記のような使い方もできます。

Notesを利用する

1 「アプリ一覧」画面で［Notes］をタップして起動します。初回はページのスタイルなどの設定画面が表示されます。新規にノートを作成する場合は、をタップします。

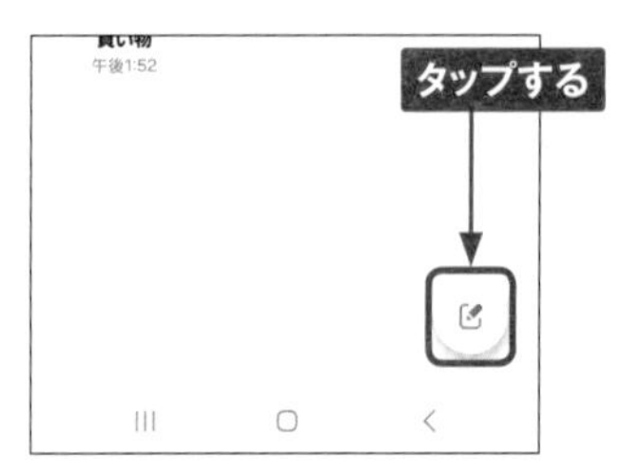

2 新規作成画面が表示されます。ここでは、タイトルを入力するために［タイトル］をタップします。

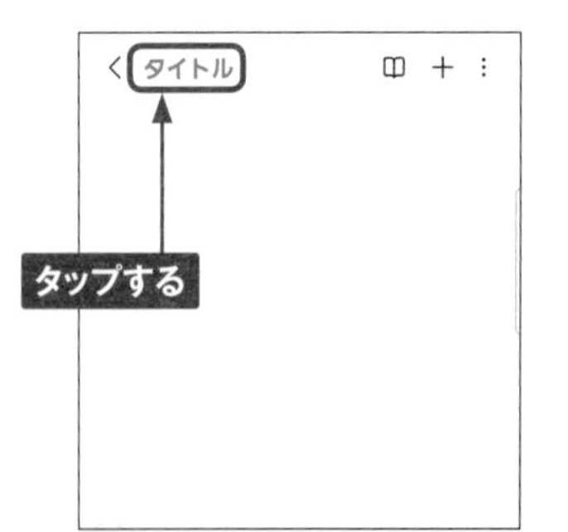

3 ソフトウェアキーボードからタイトルを入力し、へをタップします。

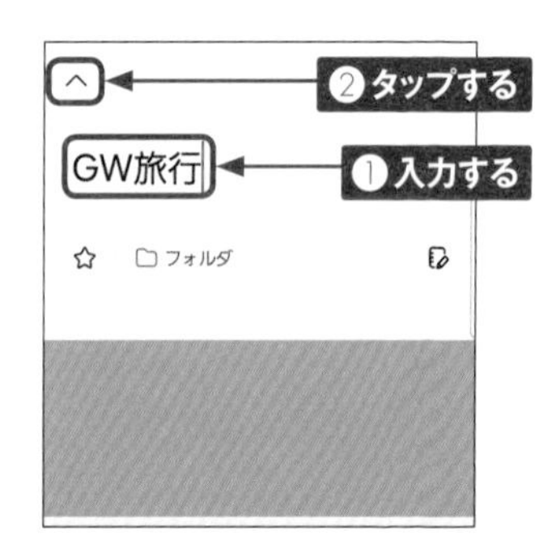

4 ノート画面に戻ります。標準では「キーボード」入力モードです。メモを入力し、くをタップすると、閲覧モードになり、もう一度タップすると、手順①の画面に戻ります。

Notesの編集画面

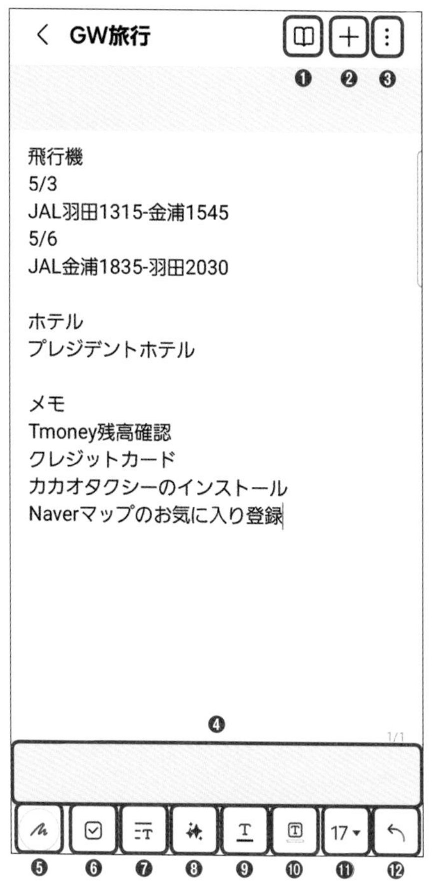

❶	閲覧モードと編集モードの切り替え	❻	チェックボックス挿入
❷	ファイル挿入	❼	テキストスタイル設定
❸	メニュー表示	❽	ノートアシスト（P.110～111参照）
❹	上方向にドラッグして次のブロック（ページスタイル個別ノート時）	❾	テキストカラー設定
		❿	フォント背景設定
❺	手書き入力モード（S24 UltraではSペンモード）	⓫	フォントサイズ設定
		⓬	元に戻す

※S24 UltraでSペン使用時は、下部右端に✎が表示され、タップすると手書き入力をテキスト化するモードが利用できます。

ノートを編集する

1 編集したい作成済みのノートをタップします。

2 編集モードで表示されます。📖をタップします。

3 閲覧モードになります。📖をタップすると、編集モードに戻ります。

4 編集モードでノートに入力します。画面を上方向にドラッグします。

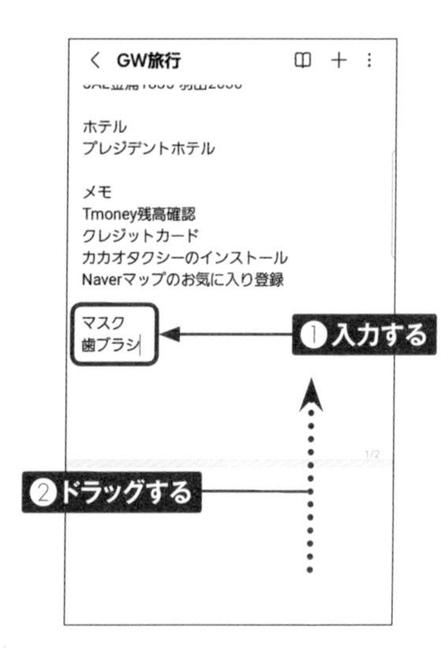

5 ページスタイルが「個別ページ」の場合、次のページが表示されます。

6 ページの順番を変更したい場合は、⋮をタップします。

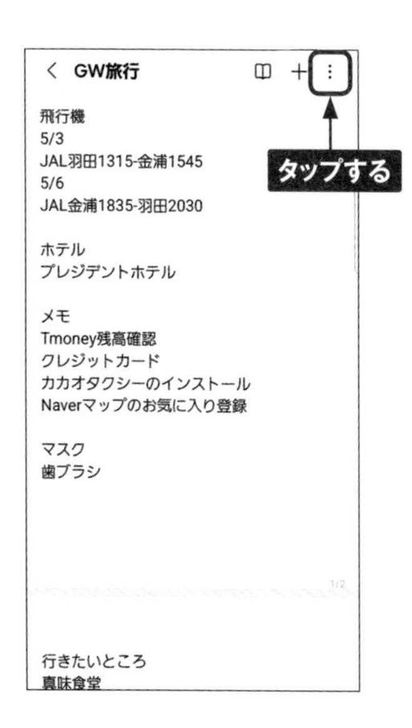

7 ［ページ並べ替え機能］をタップします。

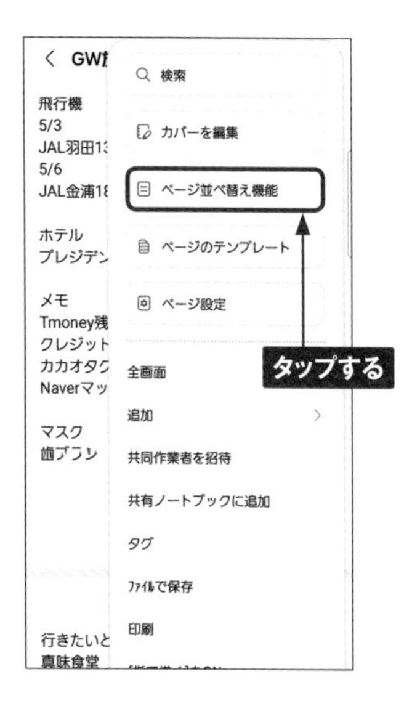

8 ページをドラッグして、並べ替えたい位置に移動します。移動が終了したら、×をタップします。

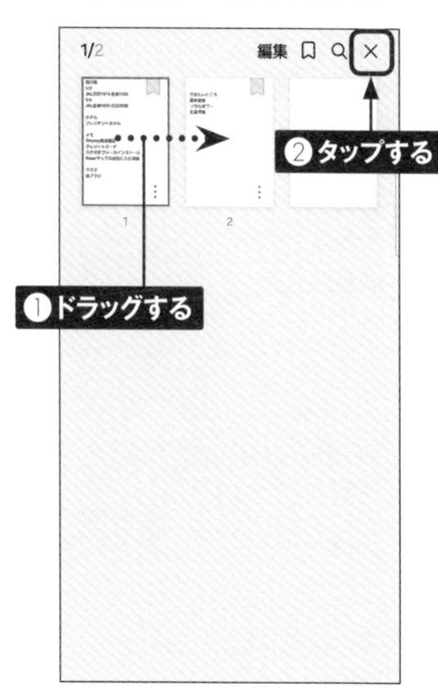

9 ページの削除などは、手順⑧の画面で各ページの⋮をタップして表示されるメニューから行うことができます。

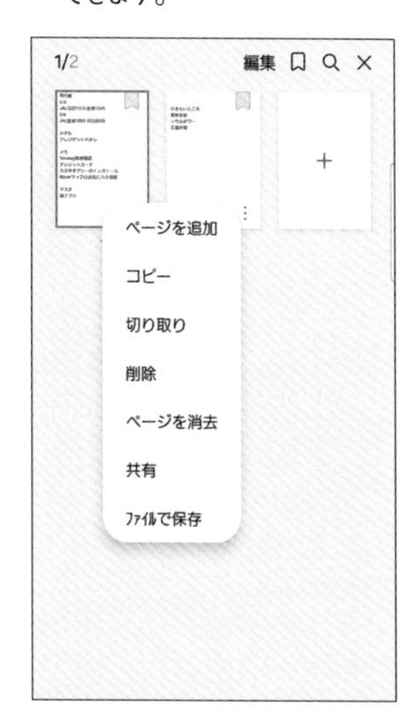

AI機能のノートアシストを利用する

1 ノートの編集画面を表示し、をタップします。初回はAI機能のガイドが表示されます。

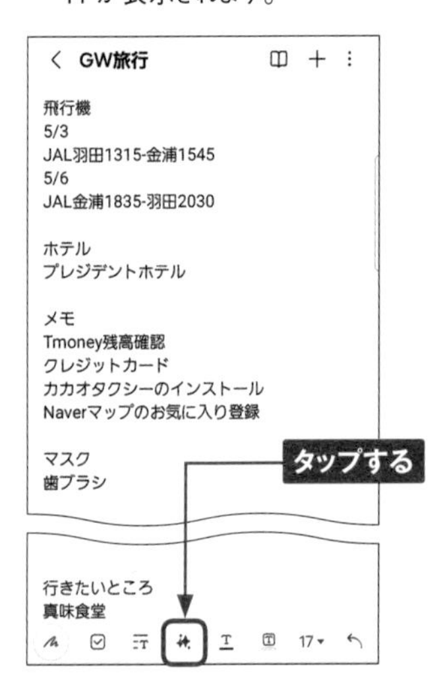

2 「Notes」アプリでは4つのAI機能を利用できます。ここでは、[自動フォーマット]をタップします。

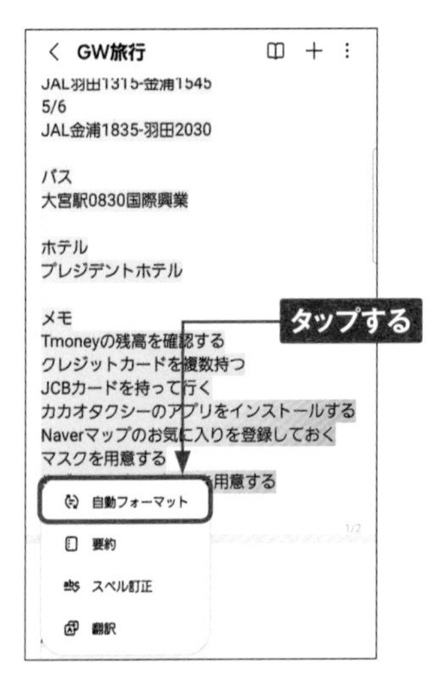

3 自動フォーマットの種類を選択します。ここでは、[ヘッダーと箇条書き]をタップします。

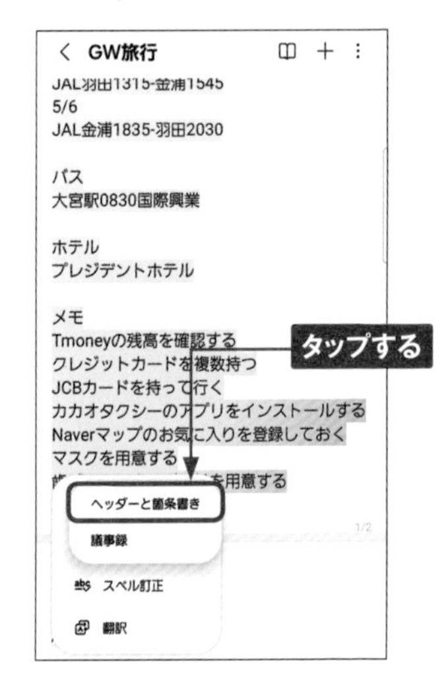

4 ノートのフォーマットが変更されます。下部のメニューのいずれかをタップして、新しいフォーマットを利用します。

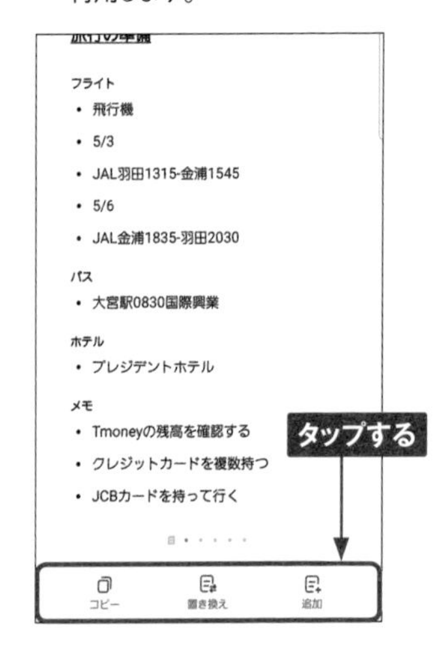

AI機能でノートにカバーを付ける

1 「Notes」アプリのメイン画面で、カバーを付けたいノートをロングタッチして選択し、[その他]をタップします。

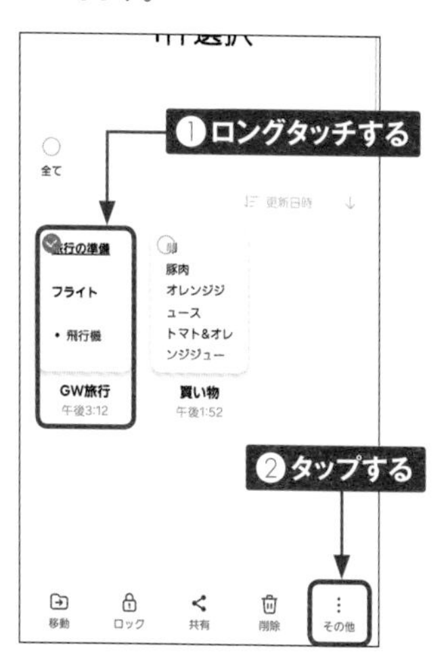

2 [カバーを生成]をタップします。

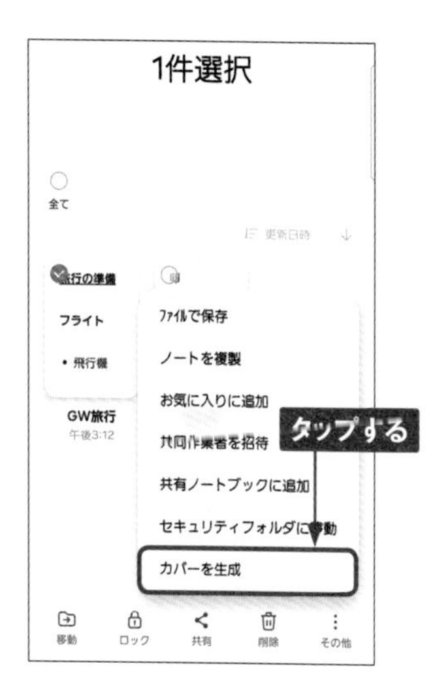

3 生成されたカバーを確認して、[完了]をタップします。

4 カバーが作成されます。カバーは、P.109手順⑦のメニューから編集することができます。

5

Section 38

スリープ時に情報を確認する

Application

スリープ時にも時間や通知をディスプレイで確認できるAlways on Display機能を利用することができます。なお、Always on Displayを使用すると、バッテリーを余分に消費します。

通知を確認する

1 スリープ状態で、画面をタップします。

2 通知があれば、通知アイコンが表示されるので、アイコン（ここでは［不在着信］）をタップします。

3 通知パネルが表示されます。通知をタップすると、通知のあったアプリが起動します。

MEMO **Always on Displayを常に表示する**

Always on Displayは、標準でタップして表示になっています。P.113手順③の画面で、［常に表示］をタップすると、スリープ画面をタップしなくてもAlways on Displayが表示されるようになります。なお、常に表示でも、ポケットに入れているなど、上部のライトセンサーが一定時間覆われていると、Always on Displayの表示が消えます。

Always on Displayをカスタマイズする

① 「設定」アプリを起動し、[ロック画面とAOD] をタップします。

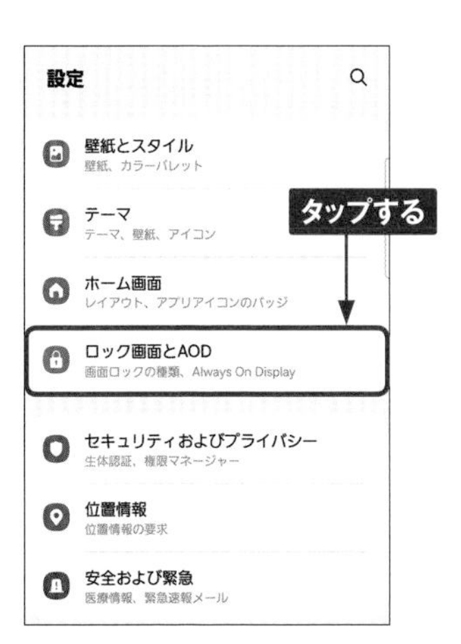

② [Always on Display] の右の をタップして、有効・無効を切り替えることができます。[Always on Display] をタップします。

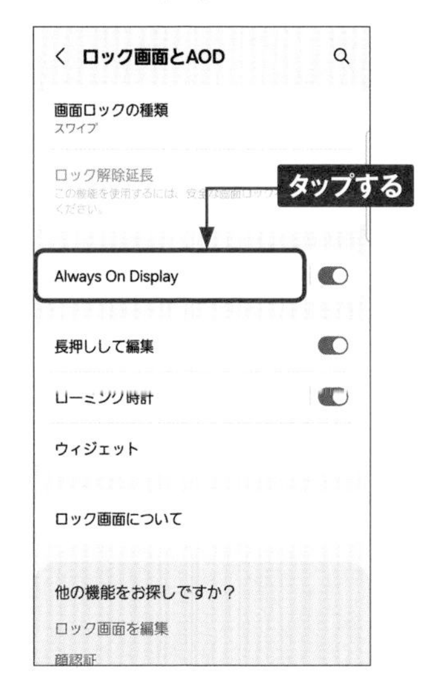

③ Always on Displayの表示タイミングや向きなどを、変更することができます。

④ なお、Always on Displayに表示する時計のスタイルは、「設定」アプリの「壁紙とスタイル」から設定できます。

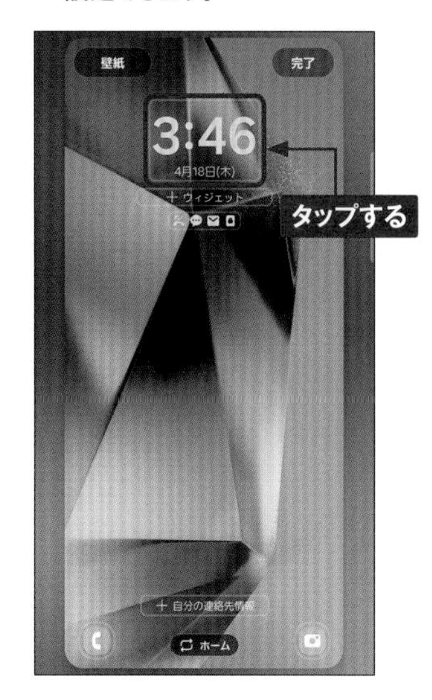

5

Section 39

エッジパネルを利用する

エッジパネルは、どんな画面からもすぐに目的の操作を行える便利な機能です。よく使うアプリを表示したり、ほかの機能のエッジパネルを追加したりすることもできます。

エッジパネルを操作する

1 エッジパネルハンドルを画面の中央に向かってスワイプします。

2 「アプリ」パネルが表示されます。アプリのアイコンをタップすると、アプリが表示されます。パネル以外の部分をタップするか、くをタップします。

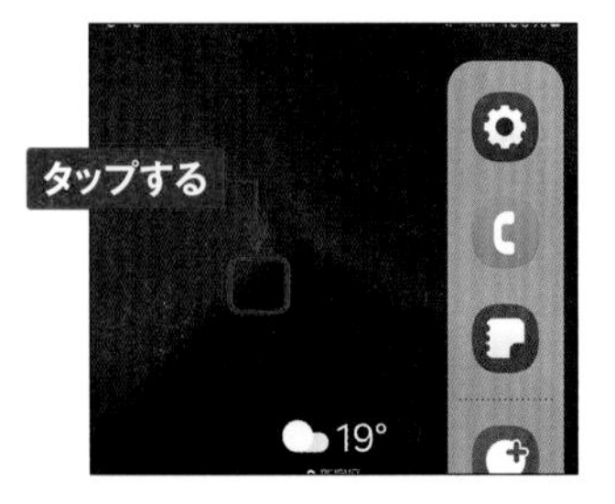

3 パネルの表示が消え、もとの画面に戻ります。

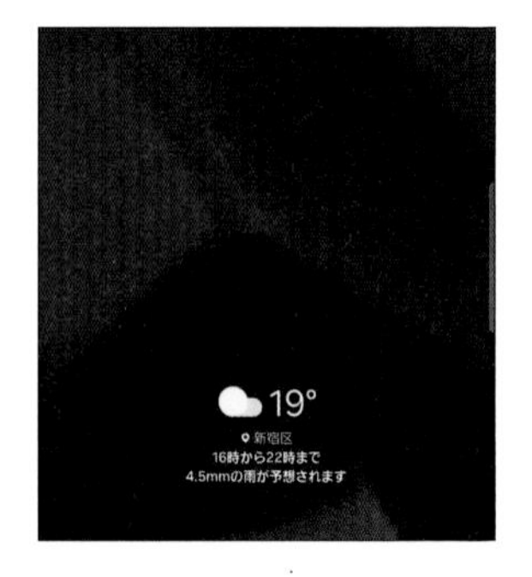

MEMO **エッジパネルハンドルの場所を移動する**

標準ではエッジパネルハンドルは、画面の右側面上部あたりに表示されていますが、ロングタッチしてドラッグすることで、上下や左側面に移動することができます。また、[設定] → [ディスプレイ] → [エッジパネル] → [ハンドル] の順にタップすると、色の変更などもできます。

「アプリ」パネルをカスタマイズする

① 「アプリ」パネルを表示して、✎をタップします。

② 「アプリ」パネルから削除したいアプリの−をタップします。なお、上半分に表示されるアプリは最近使ったアプリで、変更することはできません。

③ アプリが削除されました。アプリを追加したい場合は、左の画面で追加したいアプリをロングタッチします。

④ そのまま追加したい場所へドラッグします。

5

5 アプリが追加されました。アプリフォルダを作成したい場合は、アプリアイコンの上に別のアプリをドラッグします。

6 アイコンから指を離すと、フォルダ画面が表示されます。[フォルダ名] をタップして、フォルダ名を入力します。

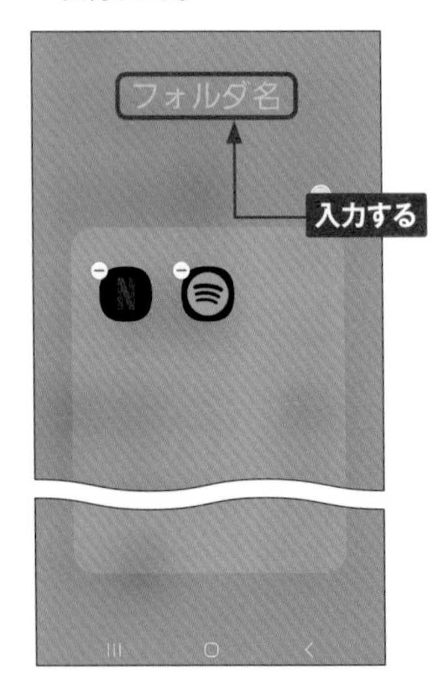

7 <をタップします。

8 フォルダが作成されます。<をタップすると、「アプリ」パネルの画面に戻ります。

別のパネルを追加する

1 エッジパネルを表示した直後に表示される⚙をタップします。

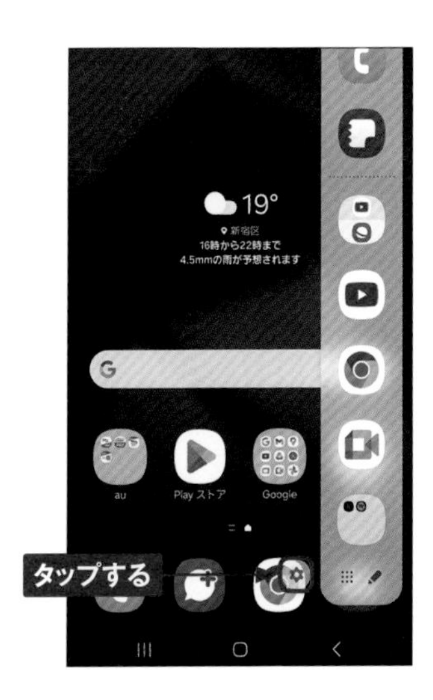

2 インストールされているエッジパネルが表示されます。✓をタップしてパネルの表示／非表示を切り替えられます。画面を左方向にスワイプします。

3 その他にインストールされているエッジパネルが表示されます。複数のエッジパネルを使用している場合は、P.114手順②の画面で、画面を左右にスワイプすると、パネルが切り替わります。

4 手順③の画面で、画面下部の［Galaxy Store］をタップすると、標準以外のパネルをダウンロードして追加することができます。

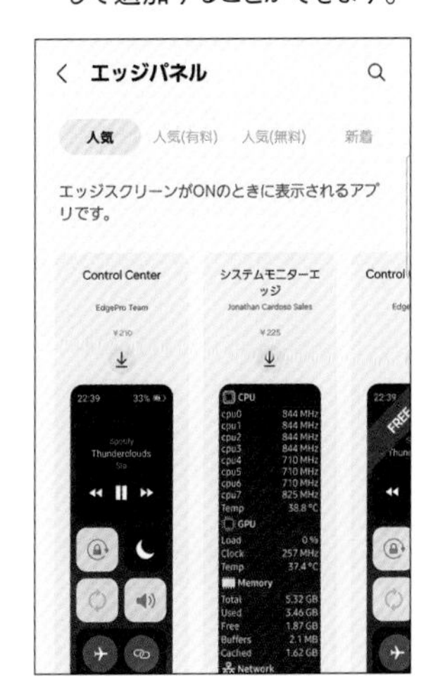

Section 40

アプリを分割画面やポップアップで表示する

Application

1画面に2つのアプリを分割表示したり、アプリ上に他のアプリをポップアップ表示したりすることができます。一部アプリはこの機能に対応していませんが、設定で可能になる場合があります。

分割画面を表示する

① いずれかの画面で、履歴ボタンをタップします。

② 履歴一覧が表示されるので、分割画面の上部に表示したいアプリのアイコン部分をタップします。

③ ［分割画面表示で起動］をタップします。

④ 次に、「アプリを選択」欄で分割画面の下部に表示したいアプリをタップします。

5

5 上下に選択したアプリが表示されます。各表示範囲をタップすると、そのアプリを操作できます。▭を ドラッグします。

6 表示範囲が変わりました。下部のアプリをタップして、＜を何度かタップします。

7 下部のアプリが終了します。

MEMO 対応していないアプリで利用する

一部アプリは、分割画面やポップアップ表示（P.121参照）に対応していませんが、「設定」アプリで、[便利な機能] → [ラボ] の順にタップし、[全てのアプリでマルチウィンドウ] を有効にすると、ほとんどのアプリで利用できるようになります。ただし、画面表示が最適化されないので、使いづらい場合があります。

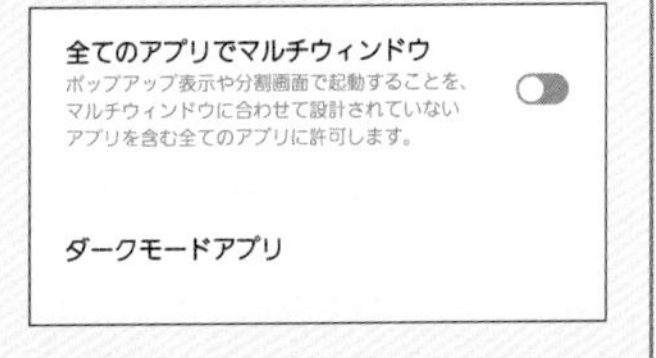

5

分割画面のセットを「アプリ」パネルに登録する

1 P.118～119を参考に、分割画面を表示します。▬をタップします。

2 アイコンが表示されます。⇅をタップします。

3 分割画面の上下が入れ替わります。▬をタップして、☆をタップします。

4 ［ホーム画面］［アプリパネル］のいずれかをタップすると、ホーム画面、もしくはエッジパネルの「アプリ」パネルに、分割画面のセットが登録されます。これらをタップすると、分割操作をせずに2つのアプリを分割画面で表示することができます。

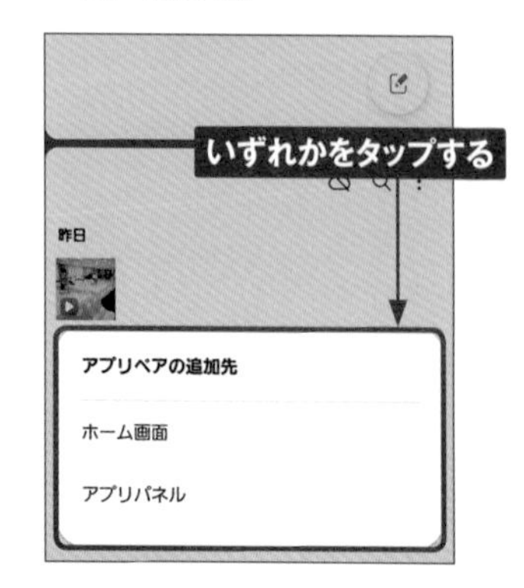

アプリをポップアップ表示する

① P.118手順③の画面で、［ポップアップ表示で起動］をタップするか、「アプリ」パネルのアイコンを画面中央付近にドラッグします。

② この画面になったら、アイコンから指を離します。

③ アプリがポップアップで起動します。━をドラッグして位置を移動することができます。━をタップします。

④ アイコンが表示されます。アイコンをタップして、操作をすることができます。

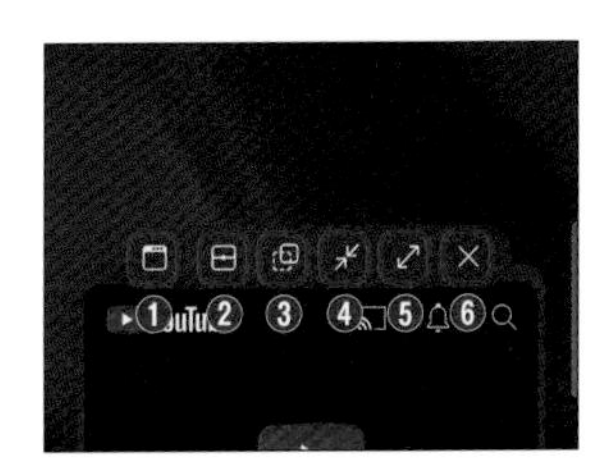

❶	メニューアイコンの表示／非表示を切り替えます。
❷	他のアプリを起動中に別のアプリをポップアップ表示している場合、分割画面表示にできます。
❸	ポップアップ画面の透過度を設定します。
❹	画面を最小化します。
❺	画面を全画面表示にします。
❻	ポップアップ表示を終了します。

Section 41

画面ロックを生体認証で解除する

S24 ／ S24 Ultraは、画面ロックの解除にいろいろなセキュリティロックを設定することができます。自分が利用しやすく、ほかの人に解除されないようなセキュリティロックを設定しておきましょう。

セキュリティの種類と動作

S24 ／ S24 Ultraの画面ロックと画面ロックのセキュリティには以下の種類があります。セキュリティ Aのみでも設定可能ですが、セキュリティ Bと組み合わせることで、利用しやすくなります。セキュリティ Bを使うには、セキュリティ Aのいずれかが必要です。セキュリティなしとセキュリティ Aは、［設定］→［ロック画面とAOD］→［画面ロックの種類］で設定できます。

セキュリティなし

● **なし**
画面ロックの解除なし。

● **スワイプ**
ロック画面をスワイプして解除。

セキュリティ A いずれか1つを選択。ロック画面をスワイプして入力

● **パターン**
特定のスワイプパターンで解除。

● **パスワード**
最低1文字以上の英字を含めて4文字以上の英数字で解除。

● **PIN**
4桁以上の数字で解除。

セキュリティ B セキュリティ Aに加えて設定可能

● **顔認証**
S24 ／ S24 Ultraの前面に顔をかざしてロック解除。

● **指紋認証**
ディスプレイ下部の指紋センサーを、登録した指でタッチして解除。

指紋認証機能を設定する

1 「設定」アプリを起動し、[セキュリティおよびプライバシー] をタップします。

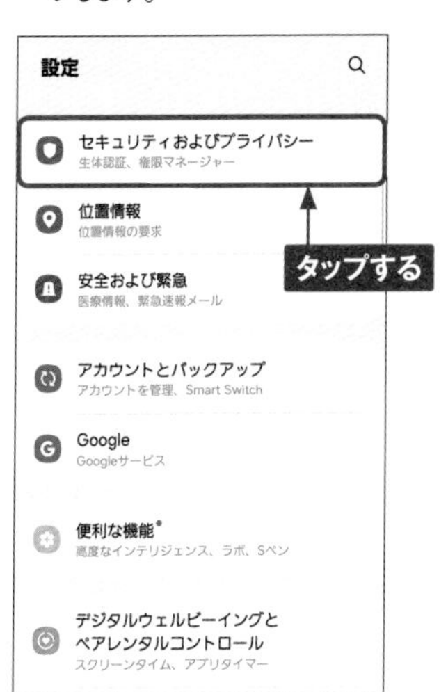

2 [生体認証] → [指紋認証] の順にタップします。

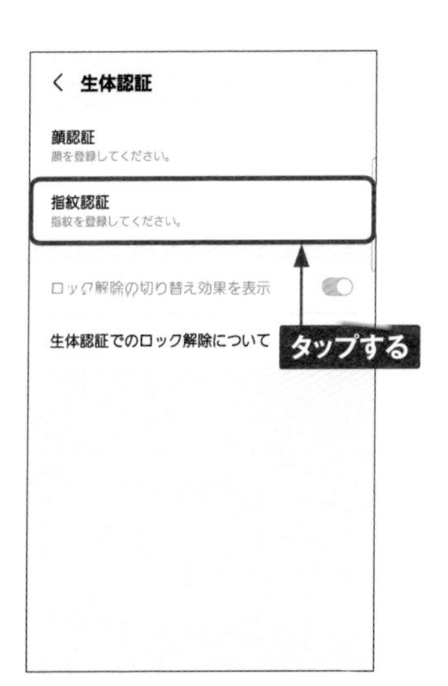

3 [続行] をタップします。

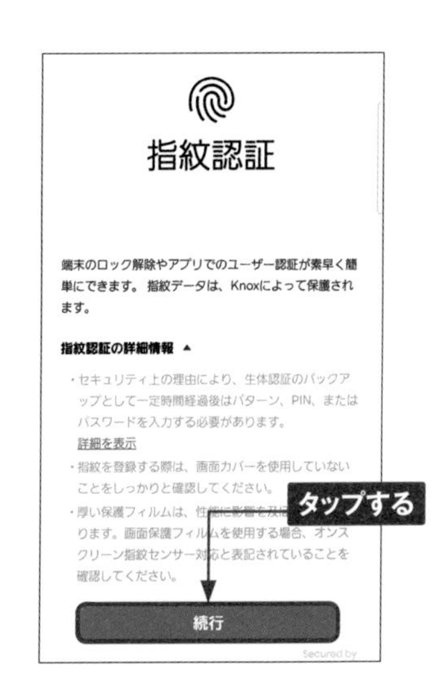

4 指紋認証では、画面のいずれかのロックを設定する必要があります。[次へ] をタップし、ここでは、[PIN] をタップします。

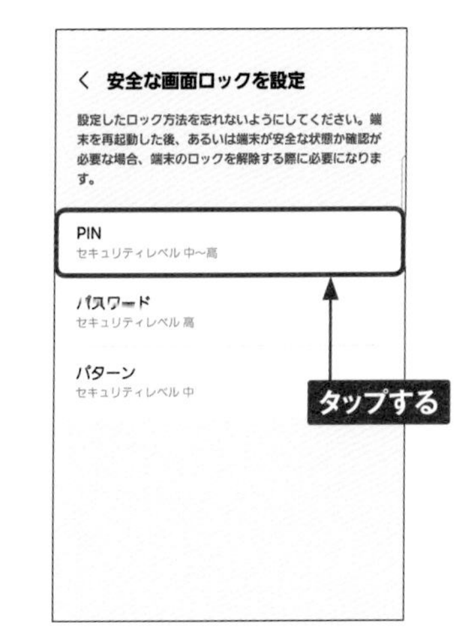

5 4桁以上の数字を入力して（6桁以上で[OK]のタップ省略可能）、[続行] をタップします。次の画面で、再度同じ数字を入力し、[OK] をタップします。

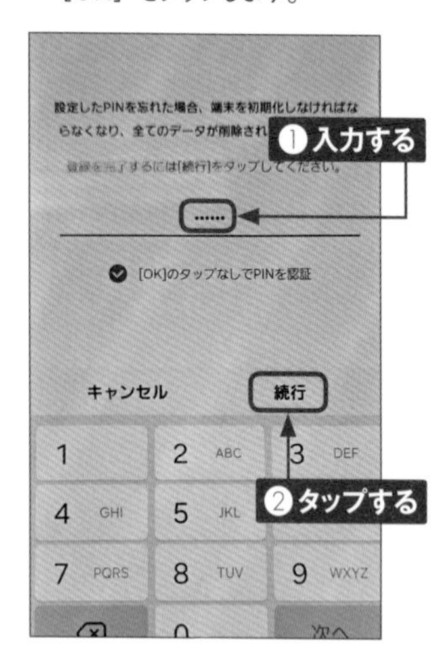

6 [登録] をタップし、画面の指示に従って、指紋をスキャンします。

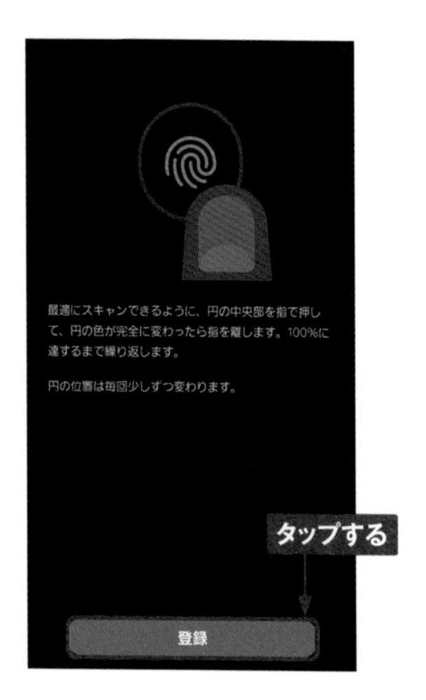

7 指紋のスキャンが終わったら、[完了] をタップします。[追加] をタップすると、別の指紋を追加することができます。

8 PINのバックアップについての画面が表示されたら、[ON] をタップします。指紋が設定されます。

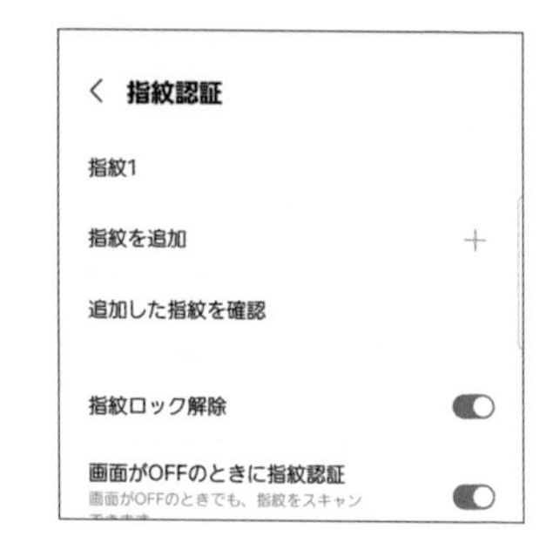

MEMO 登録した指紋を削除する

登録した指紋を削除するには、P.123手順①～②の操作をします。P.123手順④で設定したロック方法で解除すると、手順⑧の画面が表示されるので、[指紋1] をタップし、右上の [削除] をタップします。

5

指紋認証機能を利用する

① 指紋認証のロック解除は、スリープ状態から、指紋センサー部分を触れるだけでできます。スリープ状態で画面をタップすると、下のようにセンサーアイコンが表示されます。

② スリープ状態、もしくは手順①の画面で画面をダブルタップすると、ロック画面が表示され、センサーアイコンが表示されます。この画面からもロックを解除できます。

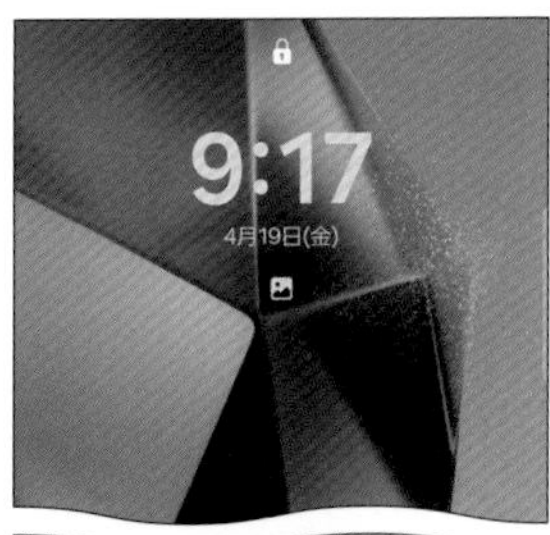

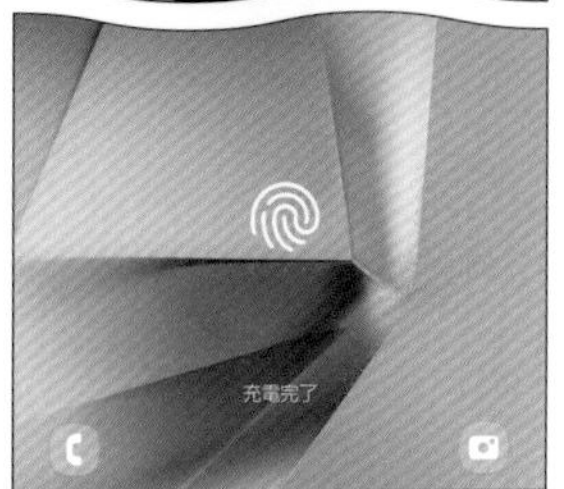

MEMO

顔認証機能を利用する

顔認証も、基本的には指紋認証と同じ操作で設定することができます。標準では、スリープ状態から顔を向けると、ロック画面が表示され、スワイプする必要がありますが、[スワイプするまでロック画面を維持] を無効にすると、ロック画面をスワイプする必要がなくなります。顔認証は画面を見るだけで、すぐに利用できるので便利ですが、指紋認証に比べると、安全性は低いとされています。

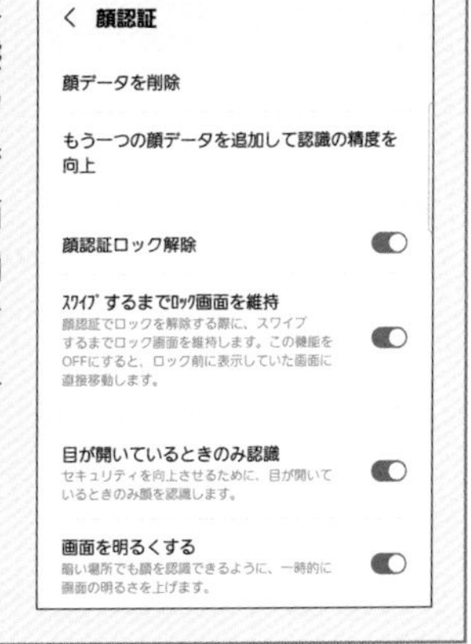

Section 42

セキュリティフォルダを利用する

S24 ／ S24 Ultraには、他人に見られたくないデータやアプリを隠すことができる、セキュリティフォルダ機能があります。なお、利用にはSamsungアカウント（Sec.35参照）が必要です。

セキュリティフォルダの利用を開始する

1 ［設定］→［セキュリティおよびプライバシー］→［その他のセキュリティ設定］→［セキュリティフォルダ］の順にタップします。

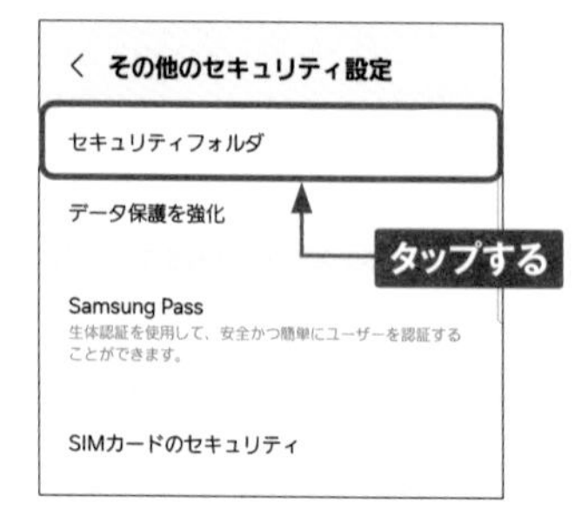

2 セキュリティフォルダ利用にはSamsungアカウントが必要です。［続行］を何度かタップすると、セキュリティフォルダが作成されます。

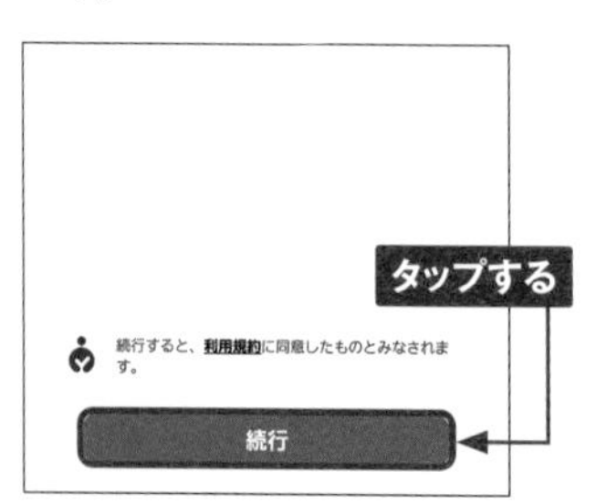

3 セキュリティフォルダ用のセキュリティを選んで操作を進め、最後に［次へ］をタップすると、セキュリティフォルダ画面が表示されます。

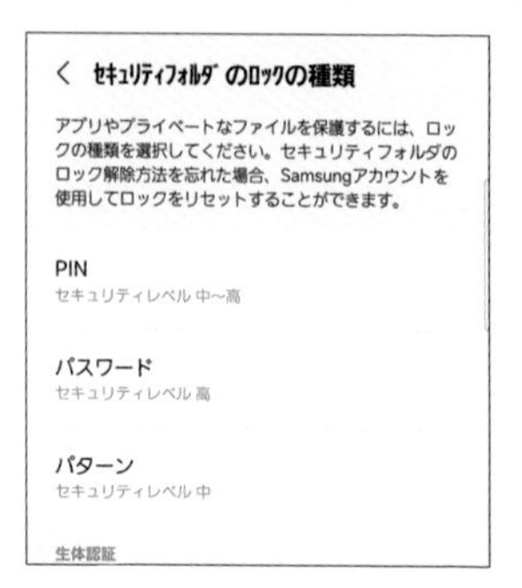

MEMO **セキュリティフォルダのロック解除**

セキュリティフォルダのロック解除は、ロック画面の解除に利用する画面ロックの種類とは別の種類を設定できます。また、たとえば両方で同じPINで解除する方法を選んでも、それぞれ別の数字を設定することができます。

5

セキュリティフォルダにデータ移動する

① P.126手順③の後、もしくは「アプリ一覧」画面で［セキュリティフォルダ］をタップすると、ロック解除後にこの画面が表示されます。⋮をタップして、［ファイルを追加］をタップします。

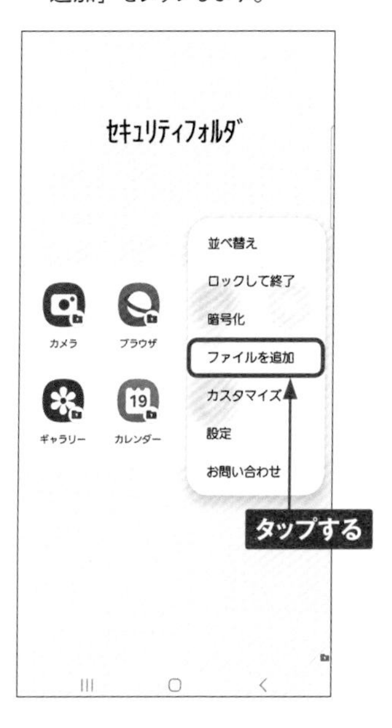

② 追加したいファイルの種類（ここでは［画像］）をタップします。

③ 画像の場合は［ギャラリー］が起動するので、セキュリティフォルダに移動したい画像をタップして選択します。［完了］をタップします。

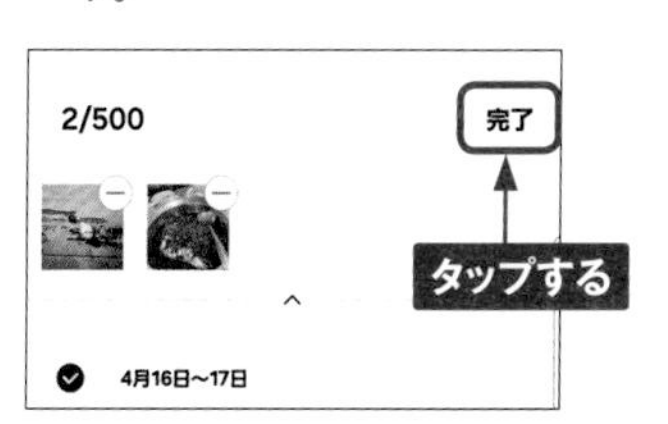

④ ［移動］または［コピー］をタップします。［移動］をタップすると、セキュリティフォルダ内のアプリからしか見ることができなくなります。

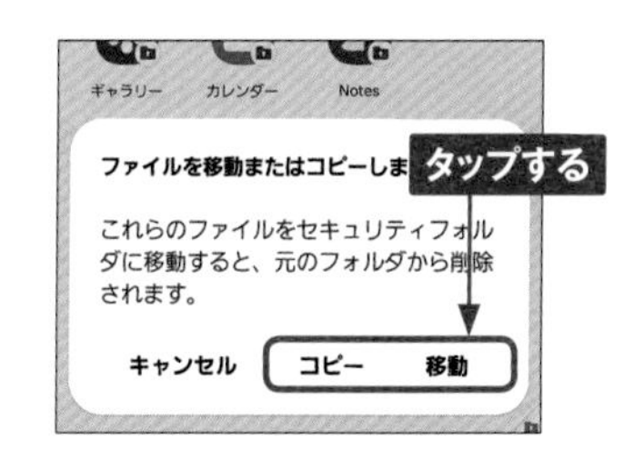

MEMO セキュリティフォルダ内のデータを戻す

セキュリティフォルダに移動したデータを戻すには、たとえば画像であれば、セキュリティフォルダ内の「ギャラリー」アプリで画像一覧を表示し、画像をロングタッチして選択します。［その他］をタップして、［セキュリティフォルダから移動］をタップします。ほかのデータも、基本的に同じ方法で戻すことができます。

セキュリティフォルダにアプリを追加する

1 セキュリティフォルダにアプリを追加するには、セキュリティフォルダを表示して、+をタップします。

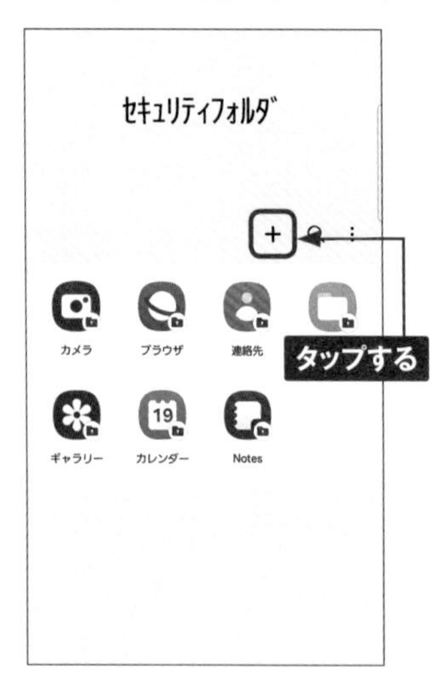

2 追加したいアプリをタップして選択し、［追加］をタップします。

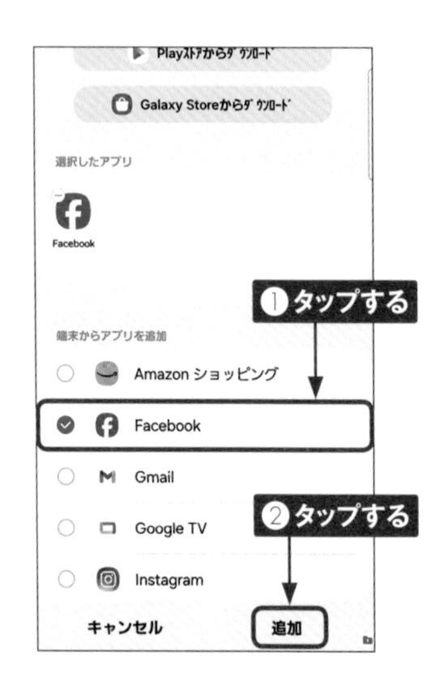

3 アプリが追加されました。セキュリティフォルダからアプリを削除したい場合は、アプリをロングタッチして、［アンインストール］をタップします。なお、最初から表示されているアプリは削除できません。

MEMO

複数アカウントで使用する

セキュリティフォルダに追加されたアプリは、通常のアプリとは別のアプリとして動作するので、別のアカウントを登録することができます。「アプリ一覧」画面でアプリをアンインストールしても、セキュリティフォルダ内のアプリはそのまま残ります。また、メッセージ系のアプリは、「設定」アプリの［便利な機能］→［デュアルメッセンジャー］で、同時に複数利用することができます。そのため、アプリによっては、同時に3つの別のアカウントを使い分けることも可能です。

セキュリティフォルダを非表示にする

1 「アプリ一覧」画面に表示されているセキュリテイフォルダのアイコンは、非表示にできます。あらかじめSec.57を参考に、クイック設定ボタンに「セキュリテイフォルダ」のアイコンを追加しておきます。ステータスバーを下方向にスライドして通知パネルを表示し、画面を下方向にフリックします。

2 ほかのクイック設定ボタンが表示されます。

3 ［セキュリティフォルダ］をタップすると、「アプリ一覧」画面のセキュリティフォルダアイコンの非表示と表示を切り替えることができます。

MEMO

セキュリティフォルダ内のアプリも「履歴」画面に表示される

セキュリティフォルダ内のアプリも、「履歴」画面には表示されます。セキュリティフォルダ内のアプリは、画面のようにアプリアイコン部分にセキュリティフォルダのマークが表示されます。人に見られたくないアプリを使用した場合は、「履歴」画面でアプリのサムネイルを上方向にフリックして、「履歴」画面から削除しておきましょう。

Section 43

手書きで文字を入力する

Application

S24 ／ S24 Ultraの標準キーボードには、「手書き入力」が搭載されており、指やSペンで入力できます。また、S24 Ultraでは、検索欄などに直接Sペンでテキストを入力することができます。

キーボードを手書き入力に切り替える

① ソフトウェアキーボードを表示して、上部にアイコンが表示された状態で、…をタップします。

② ［手書き入力］をタップします。

③ 「手書き入力」モードになります。指やSペンで文字を書くと、テキストに変換されます。⊕をタップすると、言語の切り替えができます。ソフトウェアキーボードに戻すには、▦をタップします。

④ ソフトウェアキーボードが表示されます。

S24 UltraのSペンで検索欄に書き込む

1 S24 Ultraでは、Sペンを使って検索欄やアドレスバーに文字を入力することができます。「設定」アプリで、[便利な機能] → [Sペン] の順にタップします。

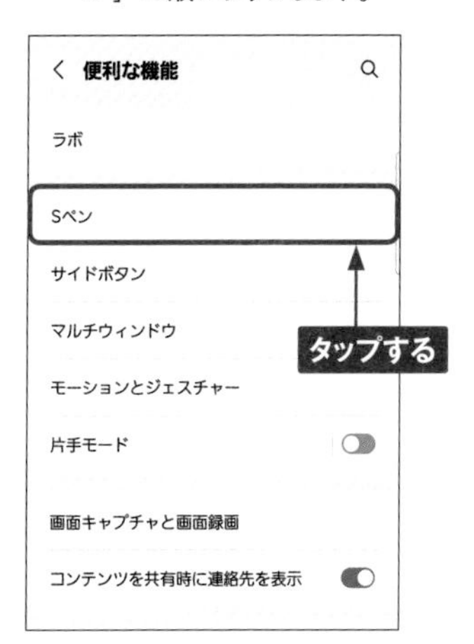

2 [Sペンでテキスト入力] をタップします。

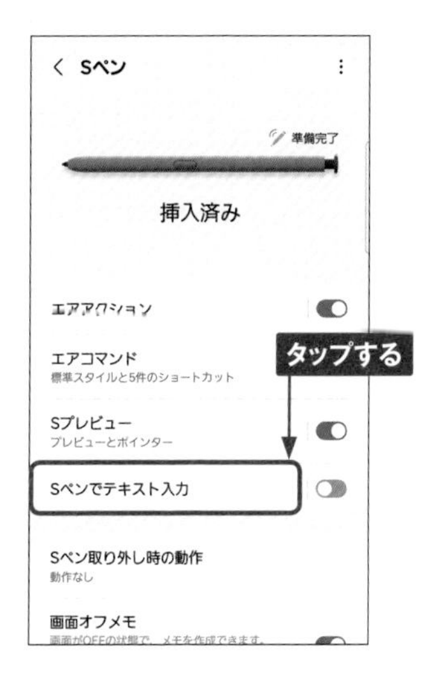

3 [OFF] をタップして「ON」にすると、Sペンでのテキスト入力が有効になります。

4 ブラウザの検索欄などに、Sペンで文字を書くことができるようになります。文字はテキストに変換されますが、Sペンで編集することが可能です。

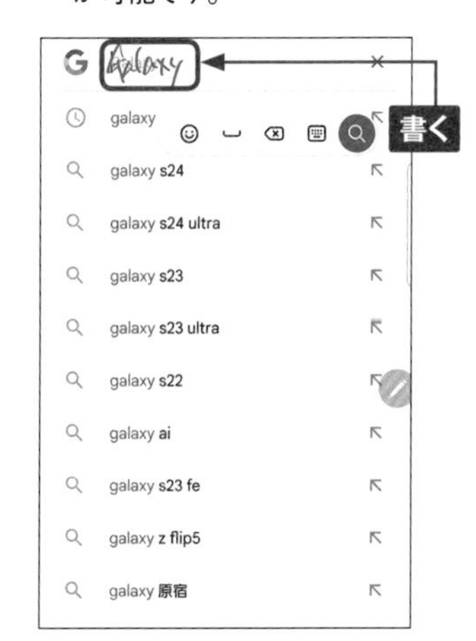

5

Section 44

S24 UltraでSペンを利用する

S24 Ultraには、本体にSペンが装着されています。普通のペンのように文字などを書いたりするほか、さまざまな機能を利用することができます。

Sペンを取り外したときの動作

●スリープ時

1. スリープ状態のときに、Sペンを本体から取り外します。

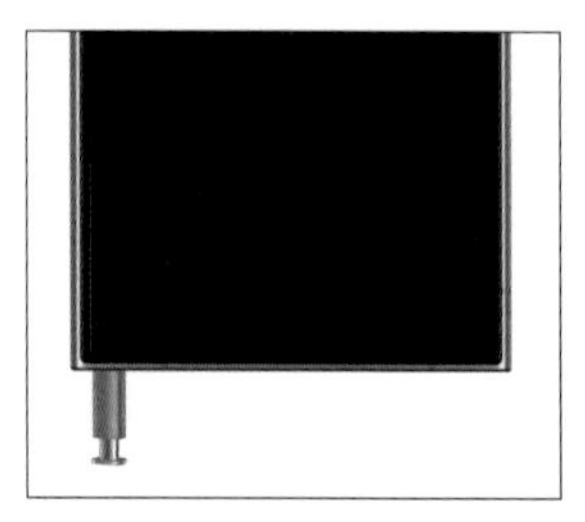

2. 画面オフメモ（Sec.46参照）が利用できます。この画面で＜をタップすると、ロック画面が表示されます。

●利用時

1. 使用中に、Sペンを本体から取り外し、右に表示されるをSペンでタップします。

2. タップしてさまざまな機能が利用できるエアコマンドが表示されます。エアコマンドは、Sペンを画面に近づけて、Sペンのボタンを押すことでも表示できます。

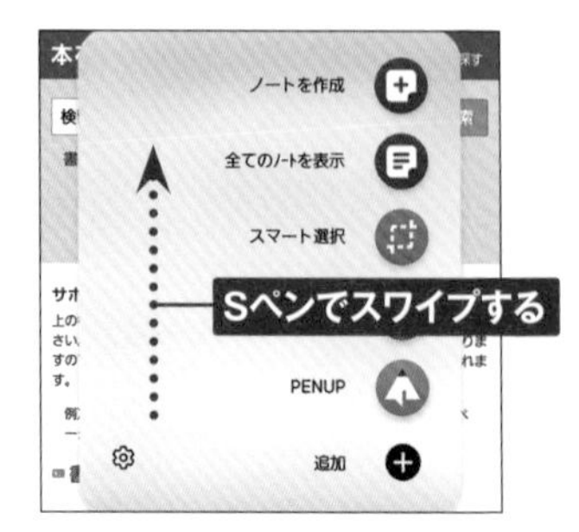

エアコマンドから利用できる機能

ノートを作成

「Notes」アプリのノートを新規作成することができます（Sec.37参照）。

全てのノートを表示

「Notes」アプリに保存されたノートを一覧表示します。

スマート選択

表示された画面の一部を選択し、保存や共有などができます。ビデオの一部を切り取ることもできます（Sec.48参照）。

キャプチャ手書き

表示された画面をキャプチャし、文字などを手書きすることができます（P.135参照）。

翻訳

画面上の文字を翻訳したり、発音を聞くことができます（P.135参照）。

PENUP

Sペンで描いた作品を発表できるSNSアプリ「PENUP」アプリが起動します。

Bixby Vision

標準ではエアコマンドに含まれていません。画面上の写真などの情報をBixbyVisionで調べることができます。

ルーペ

標準ではエアコマンドに含まれていません。画面にSペンを近づけることで、拡大することができます（P.135参照）。

カレンダーに書き込み

「カレンダー」アプリの月表示では、Sペンで書き込みができますが、そのモードを起動します（Sec.20MEMO参照）。

5

Section 45

S24 Ultraでエアコマンドを使いこなす

エアコマンドから利用できる機能はいろいろあり、機能やアプリをエアコマンドに追加したり、削除したりすることもできます。

エアコマンドに機能を追加する

1 エアコマンドを表示して、⚙をタップするか、手順②の操作を行います。

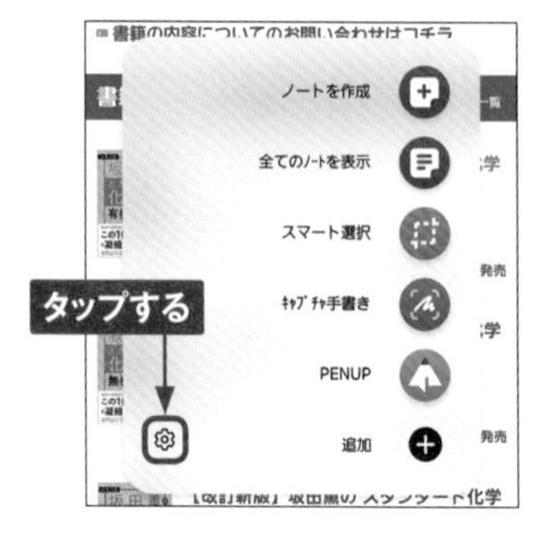

2 手順①の操作、もしくは「設定」アプリで、[便利な機能]→[Sペン]→[エアコマンド]→[ショートカット]の順にタップします。

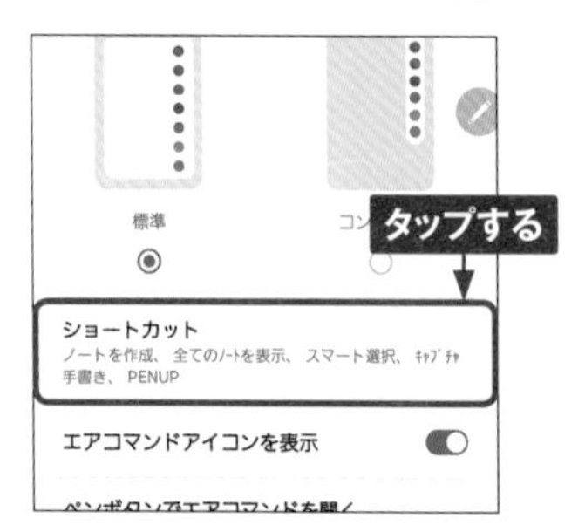

3 右のアイコンをドラッグして順番変更、⊖をタップすると削除ができます。

4 左側のアイコンをタップすると、ショートカットの最後に追加されます。アイコンは合計10個まで追加できます。

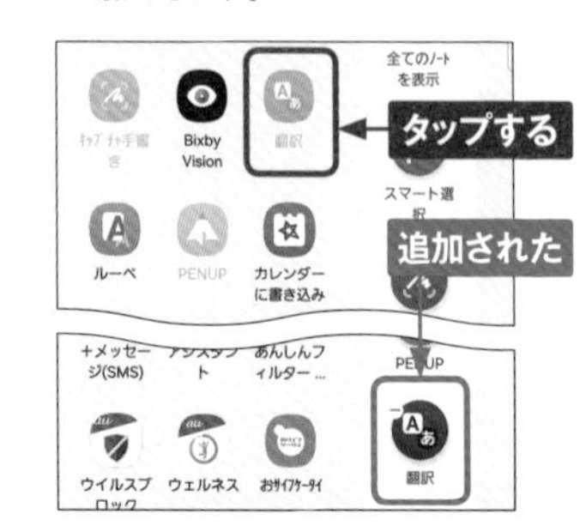

便利なエアコマンド機能

●翻訳

画面上の文字にSペンを近づけて、様々な言語を翻訳したり、発音を聞くことができます。

●キャプチャ手書き

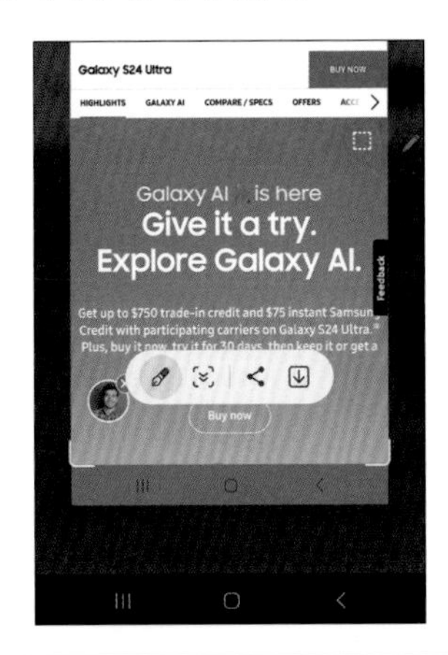

表示中の画面をキャプチャし、すぐに手書きで書き込めるような画面が表示されます。

●ルーペ

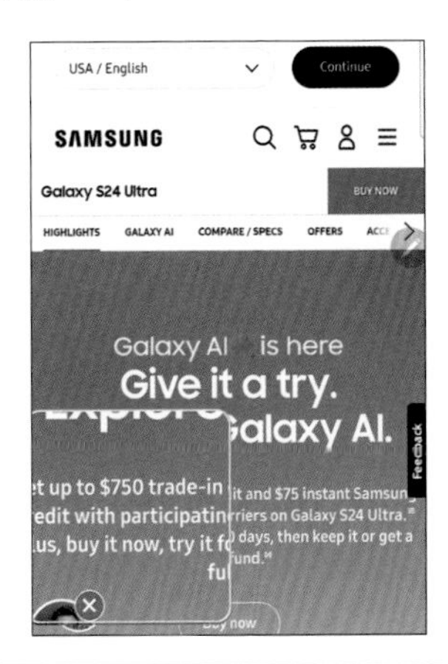

画面上の文字にSペンを近づけると、拡大表示ができます。拡大率を調整することが可能です。

●カレンダーに書き込み

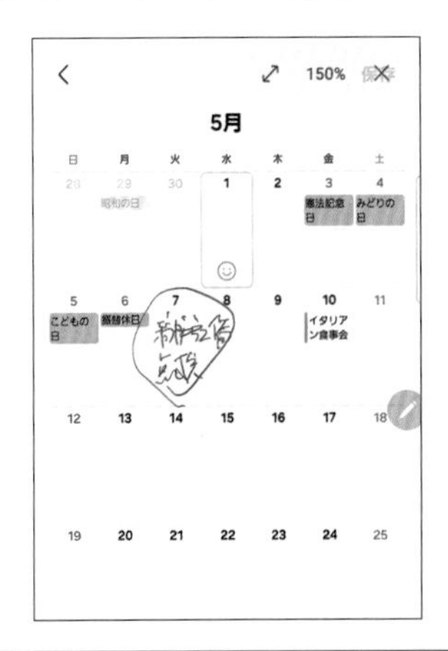

[カレンダー]アプリの書き込みモードを起動します（Sec.26MEMO参照）。

Section 46

S24 Ultraでスリープ状態から素早くメモを取る

S24 Ultraは、本体がスリープ状態でもSペンを抜くだけですぐにメモを書くことができ、Always on Display（Sec.38参照）が有効であれば、スリープ画面に貼り付けることもできます。

画面オフメモを利用する

1 スリープ状態のときに、本体からSペンを抜きます。

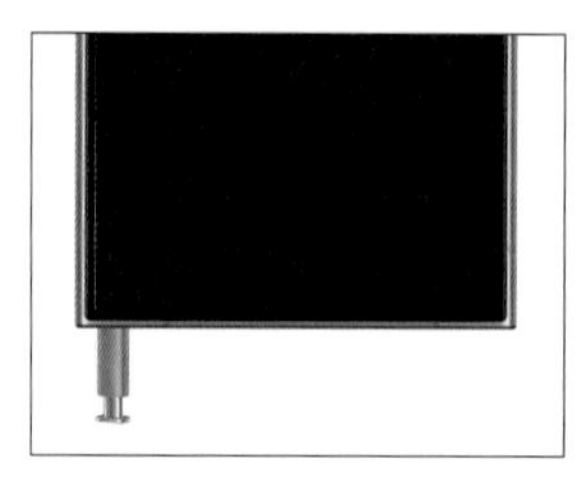

2 画面オフメモ作成画面が表示されるので、Sペンで文字などを書きます。作成画面が消えたときは、Sペンのボタンを押すと、再び表示されます。

3 ［保存］をタップすると、「Notes」アプリ（Sec.37参照）にメモが保存されます。また、画面右下の＜をタップすると、［保存］や［破棄］を選択することができます。

MEMO 起動中にメモを取る

画面オフメモはスリープ状態から利用できる機能です。利用中の場合は、Sペンのボタンを押しながら、画面をSペンでダブルタップすると、「Notes」アプリの新規作成画面が表示されます。

画面オフメモを使いこなす

1 文字の色や太さは、画面左上のアイコンをタップして変更することができます。アイコンのタップはSペンだけでなく、指でも可能です。ここでは、太さを変更します。

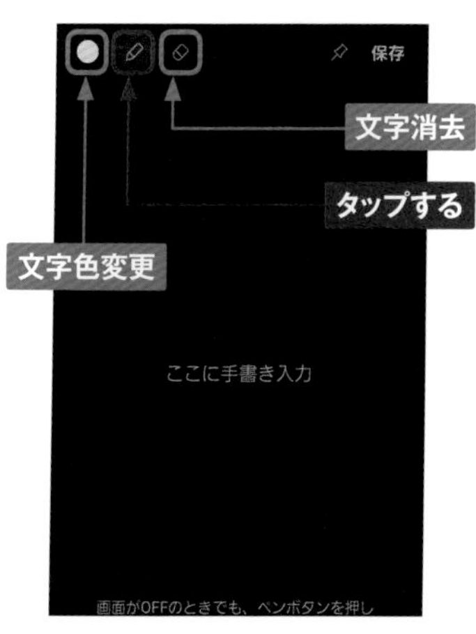

2 変更したい太さをタップして選択します。

3 メモが1ページに収まらない場合は、をタップします。

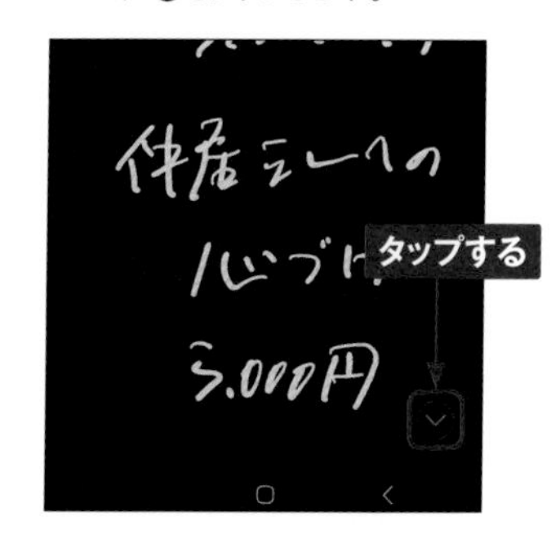

4 次のページが表示されるので、メモを書きます。前のページに戻るときは、をタップします。

MEMO

文字を消去する

画面オフメモの文字を消去する場合は、Sペンのボタンを押して消去したい文字をなぞります。画面左上の消しゴムアイコンをタップしても消去できますが、また文字を書く場合は、ペンアイコンをタップする必要があります。

メモをスリープ画面に貼り付ける

1 書いたメモをスリープ画面に表示しておきたい場合は、Always on Display（Sec.38参照）を有効にした状態で、をタップします。

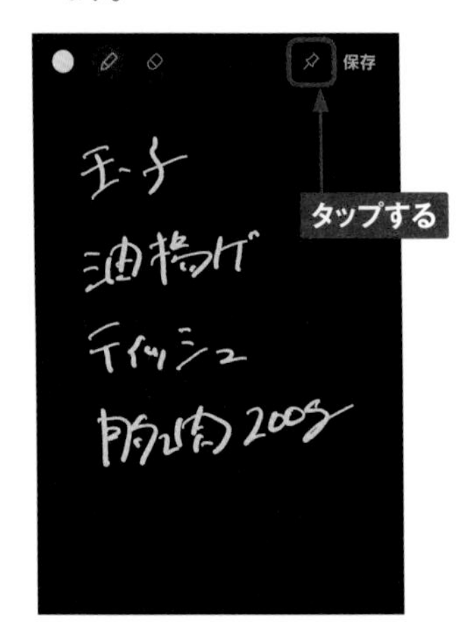

2 Always on Displayの標準では、画面をタップして表示（常時表示も可能）なので、スリープ状態で画面をタップすると、メモが表示されます。をダブルタップします。

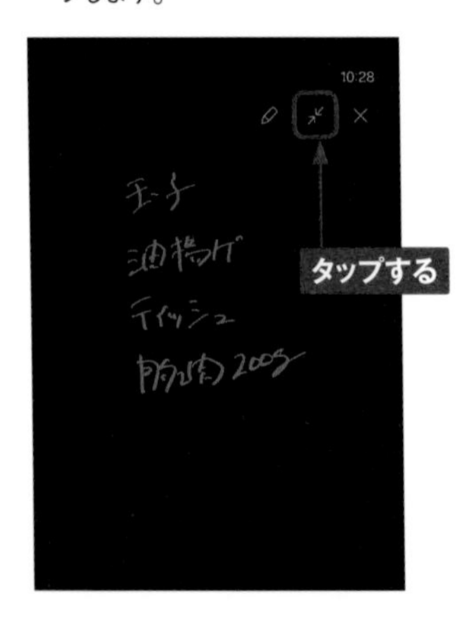

3 メモが縮小してアイコン化されます。アイコンをダブルタップします。

4 再びメモが表示されます。

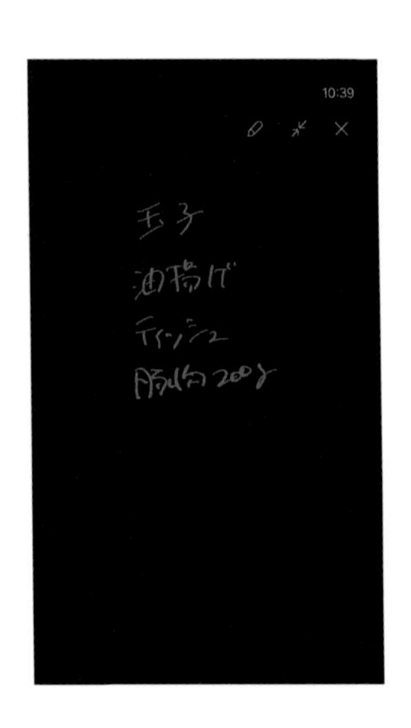

5

5 スリープ画面にメモを表示中でも、Sペンを抜く操作をすれば、次のメモを書くことができます。

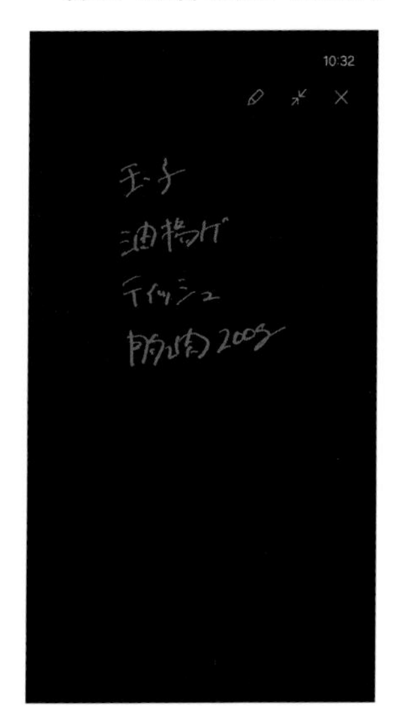

6 次のメモを書いてをタップします。

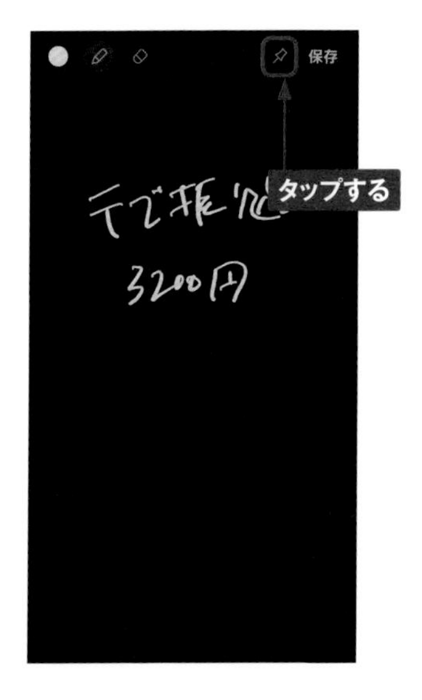

7 前のメモを破棄するか、「Notes」アプリに保存するか、いずれかをタップします。

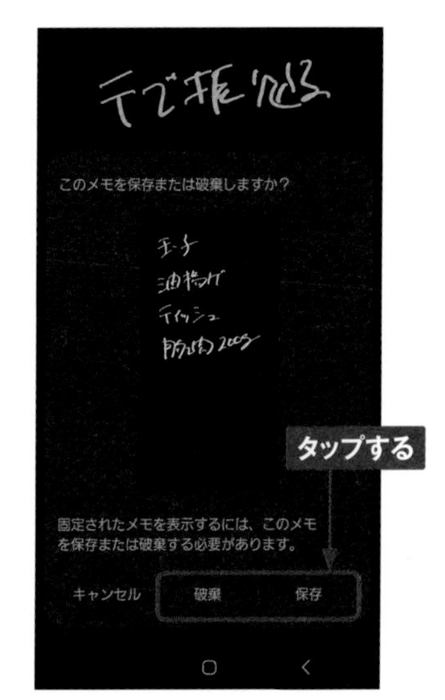

8 新しいメモが表示されます。

Section 47

S24 UltraでSペンをリモコンとして利用する

Sペンでアプリを遠隔操作することができます。たとえば、「カメラ」アプリでは、写真や動画の撮影、カメラの切り替え、ズームイン・アウトなどの操作をSペンで行うことができます。

エアアクションの操作

エアアクションは、対応したアプリを起動中に、Sペンのボタンを1回押し、2回押し、長押ししてジェスチャーで、アプリの様々な操作を行うことができる機能です。また、「戻る」「ホーム」「履歴」など、ナビゲーションボタンをタップする代わりの操作も可能です（P.141右の手順①の画面で設定）。どのアプリにどんなエアアクションが割り振られているかは簡単に確認でき、変更できます。

●ボタンを1回押し、2回押しする

操作例
[ブラウザ] アプリでの戻る・進む
[ギャラリー] アプリでのアイテム切り替え

●上下左右などに振る

操作例
[カメラ] アプリでのカメラやモードの切り替え
[ギャラリー] アプリでの詳細表示やアイテム切り替え

●時計回り・反時計回りに円を描く

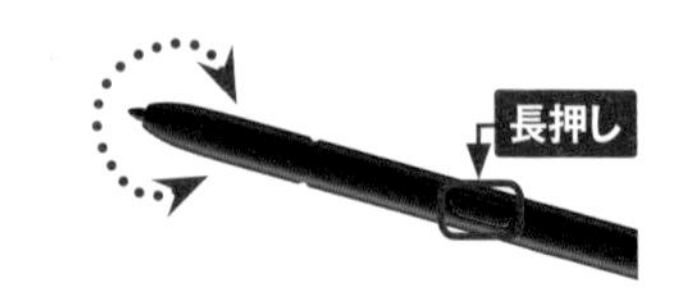

操作例
[カメラ] アプリでのズームイン・アウト

MEMO エアアクションが利用できるアプリ

エアアクションは基本的にサムスン製のアプリでしか利用できませんが、「Chrome」アプリでは有効化することで利用できます。

エアアクションの操作を確認・変更する

●操作を確認する

1 対応アプリを起動した状態で、Sペンを にかざします。

2 そのアプリで利用できるエアアクションが表示されます。

●操作を変更する

1 「設定」アプリで、[便利な機能]→[Sペン]→[エアアクション]の順にタップします。設定を変更したいアプリ（ここでは[カメラ]）をタップします。

2 アクションの各項目をタップすると、アクションを変更することができます。

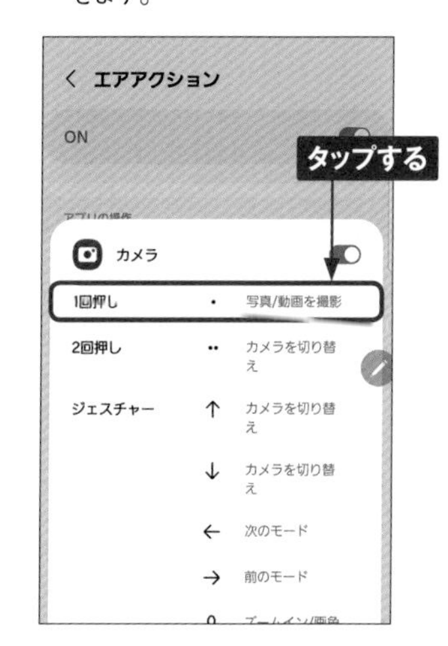

Section 48

S24 Ultraで画面の情報をSペンで利用する

S24 Ultraは、画面に表示されている情報をSペンで選択し、利用することができます。画面からテキストを抽出したり、写真から対象物をトリミングして切り出すことも可能です。

画面の情報を選択する

① 切り取りたい情報を画面に表示し、エアコマンドを表示して(P.132参照)、[スマート選択]をSペンでタップします。確認画面が表示されたら、画面の指示に従って操作します。

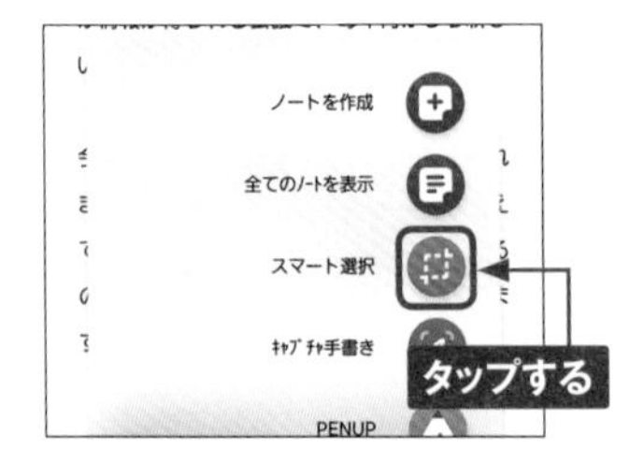

② 切り取り方は、長方形が標準です。画面下部のアイコンをタップすると、切り取り方を変更することができます。切り取り範囲をSペンでドラッグします。

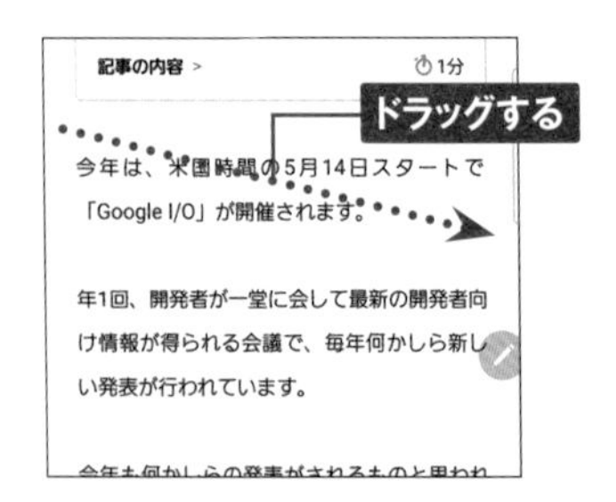

③ 画面が切り取られます。をタップすると、「ギャラリー」アプリに画像として保存されます。

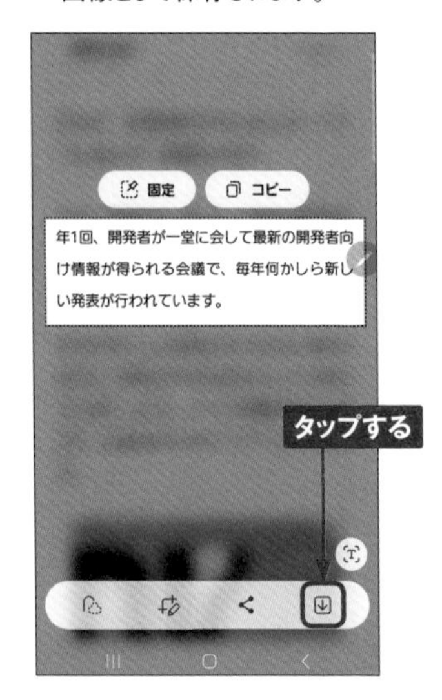

MEMO そのほかの操作

手順③の画面で、をタップすると画像に書き込み、<は他アプリでの利用ができます。

切り取った画面からデータを抽出する

●テキストを抽出する

1 P.142手順③の画面で、(T)をタップします。

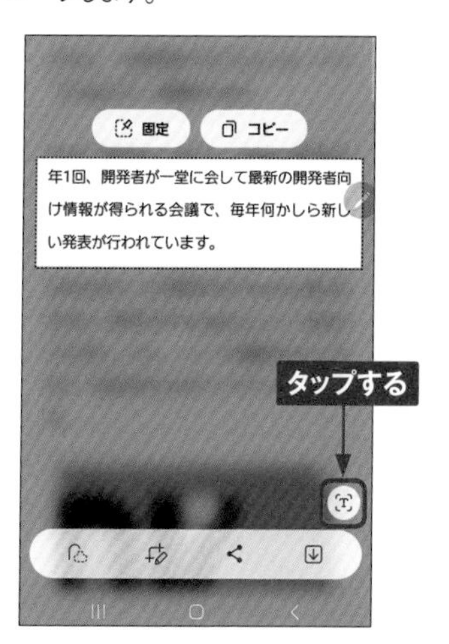

2 切り取り範囲の文字がテキストデータとして抽出されます。[コピー]をタップするとクリップボードにコピーされ、[共有]をタップすると他アプリで利用できます。

●アイテム画像を抽出する

1 P.142の手順で写真を切り取り、をタップします。

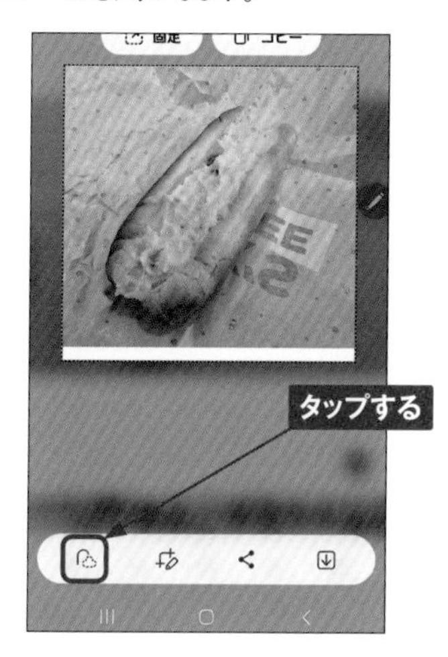

2 画面上のアイテムが自動で選択されます。[完了]をタップすると、破線で囲まれた部分のみ切り出すことができます。

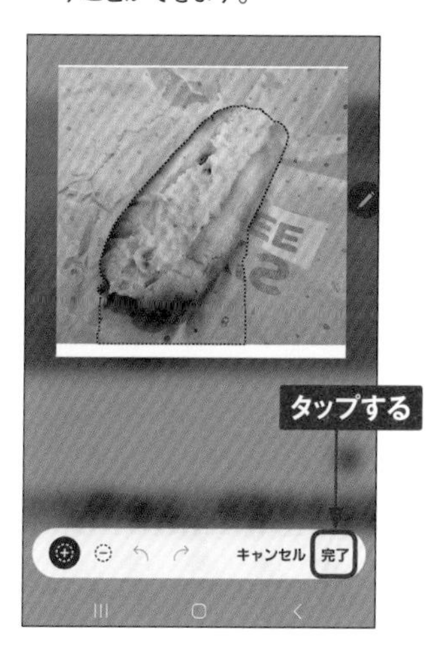

5

Section 49

便利なAI機能を利用する

S24 ／ S24 Ultraの特徴の一つが、AI機能です。ここでは、その中で3つの機能を紹介します。なお、ここで紹介する各機能はインターネットに接続している必要があります。

かこって検索を利用する

① まず、かこって検索が利用できるようになっているか、確認しておきましょう。「設定」アプリを起動し、［ディスプレイ］をタップします。

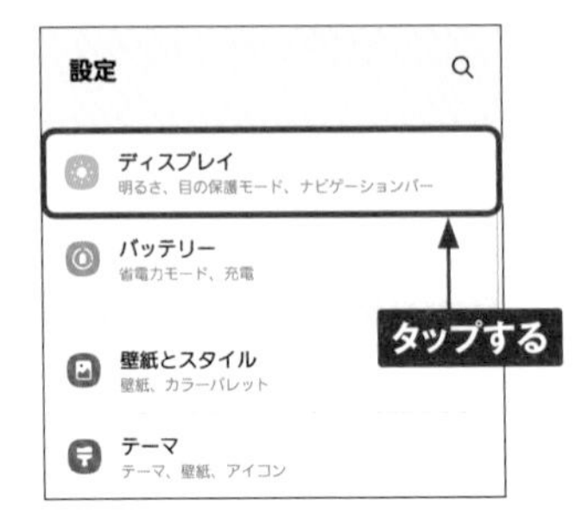

② ［ナビゲーションバー］をタップします。

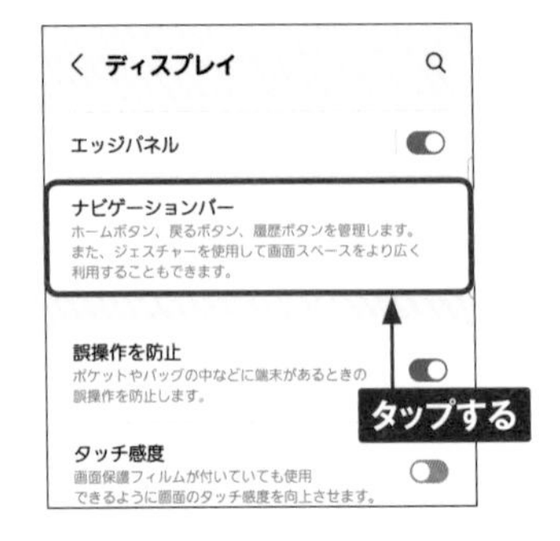

③ 「かこって検索」の機能が、オンになっていることを確認します。オフの場合は、タップしてオンにします。

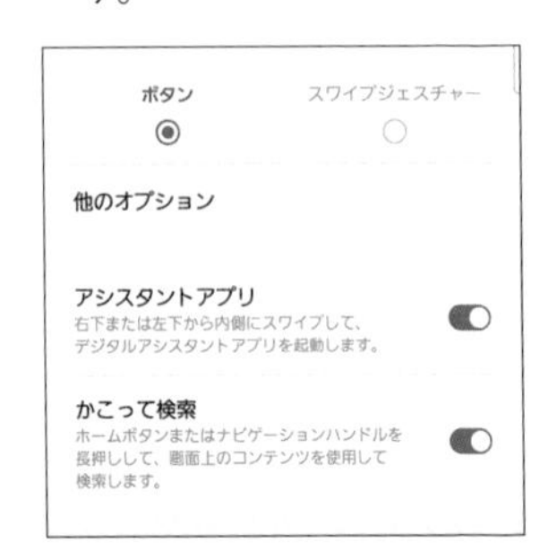

④ かこって検索を利用するには、調べたいものを画面に表示して、◻を長押しします。

5 囲って検索が起動します。

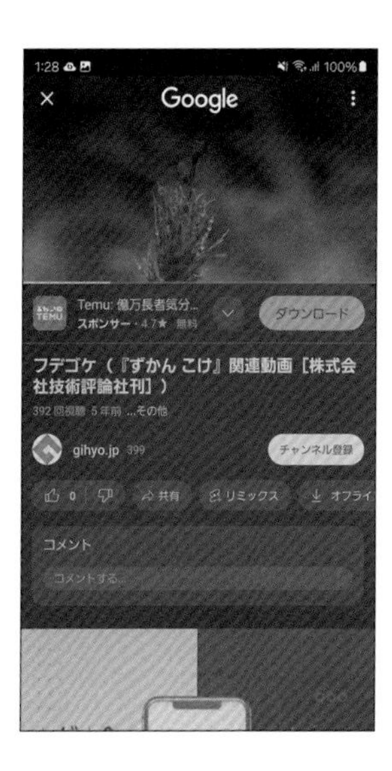

6 調べたい対象物を丸で囲むか、タップします。

7 囲った画像で、画像検索の結果が表示されます。

8 文字を囲むと、文字が認識され、検索できるほかに、コピーして利用したり、翻訳したりできます。

リアルタイム通訳を利用する

1 リアルタイム通訳を利用する前に、設定を確認しておきます。「設定」アプリを起動し、[便利な機能]をタップします。

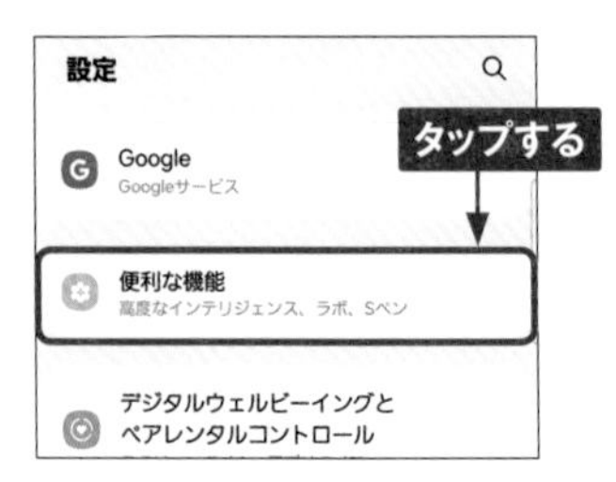

2 [高度なインテリジェンス]をタップします。

3 [電話]をタップします。

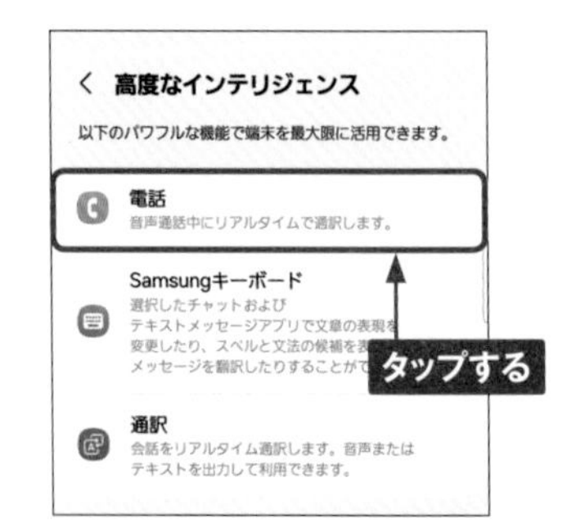

4 オンになっていることを確認し、画面を上方向にスワイプします。

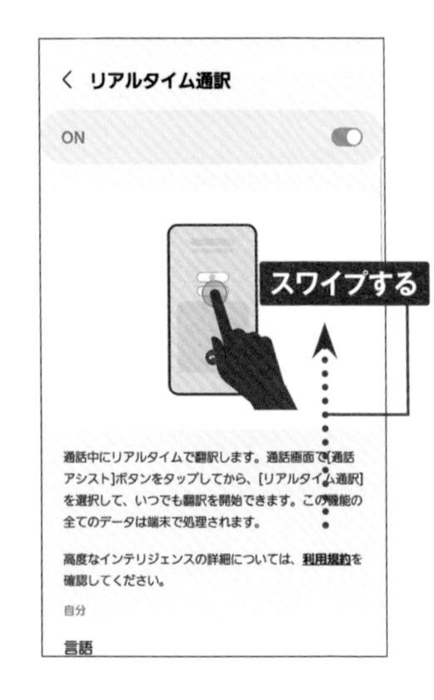

5 「自分」欄と「相手」欄の「言語」を設定します。「自分の声を消音」はオンの方が使いやすいです。これで設定は終わりです。

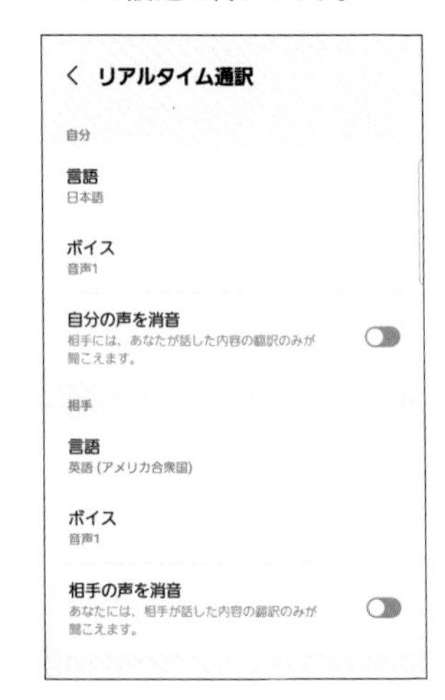

6 S24 ／ S24 Ultraの「電話」アプリを起動して相手に電話を発信するか、電話を受けてて［通話アシスト］をタップします。なお、通話を録音している場合は（Sec.12参照）、リアルタイム通訳を利用できません。

7 ［リアルタイム通訳］をタップします。

8 P.146の設定で選択された言語設定で、通話が開始されます。標準で通話の最初にリアルタイム通訳を使っている旨が告知されます。

MEMO リアルタイム通訳の対応言語

リアルタイム通訳は2024年4月現在13言語（17地域）に対応していますが、今後増える可能性があります。なお、現在対応している言語の一部は、使用する前に言語パックのダウンロードが必要です。P.146手順⑤の画面で、［各ユーザーの言語と音声のプリセット］をタップすると、「連絡先」アプリに登録した相手のリアルタイム通訳の言語セットを登録することができます。

入力アシストで文章スタイルを変更する

1 この機能を利用するには、Samsungキーボードを使っている必要があります。「+メッセージ」や「LINE」などメッセージアプリで文章を入力し、キーボードのアイコンが表示されていない場合は、〈をタップします。

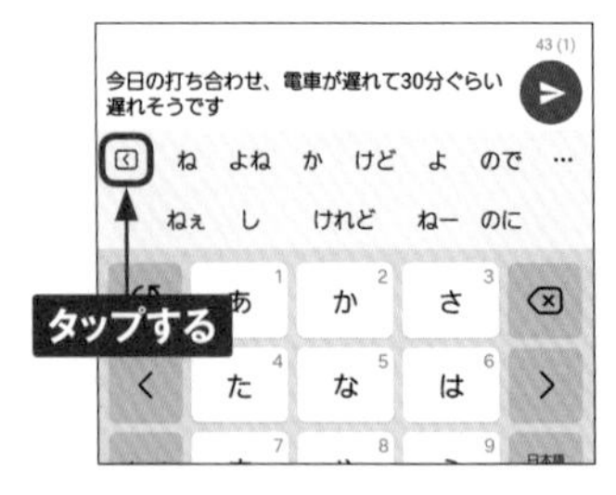

2 ✦をタップします。

3 ［文章のスタイル］をタップします。

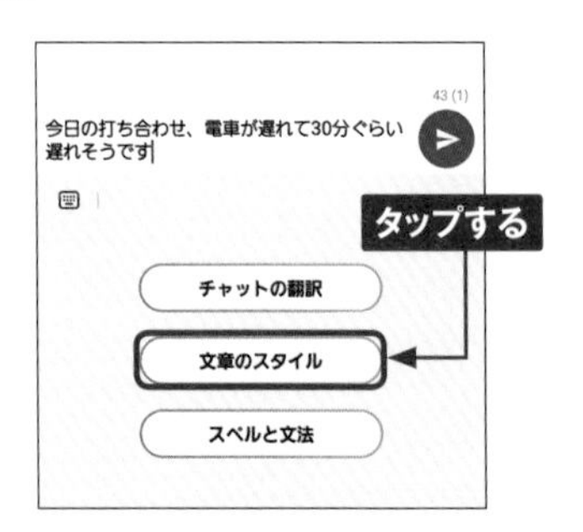

4 いくつかのスタイルで文章が表示されるので、上下にスワイプして確認し、利用したいスタイルの［挿入］をタップします。

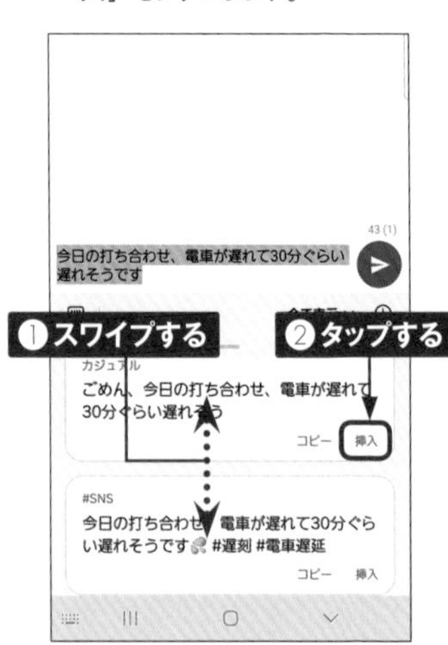

5 入力した文章が選択したスタイルに変わります。なお、手順④で［コピー］をタップすると、クリップボードに文章がコピーされます。

入力アシストで翻訳する

① この機能を利用するには、Samsungキーボードを使っている必要があります。メッセージアプリを利用中、✨をタップします。

② ［チャットの翻訳］をタップします。

③ 上部に言語のセットが表示されるので、確認します。タップして言語セットの変更や言語パックのダウンロードができます。

④ 言語セットの表示が消えると、チャットの文章の下に翻訳された文章が表示されます。

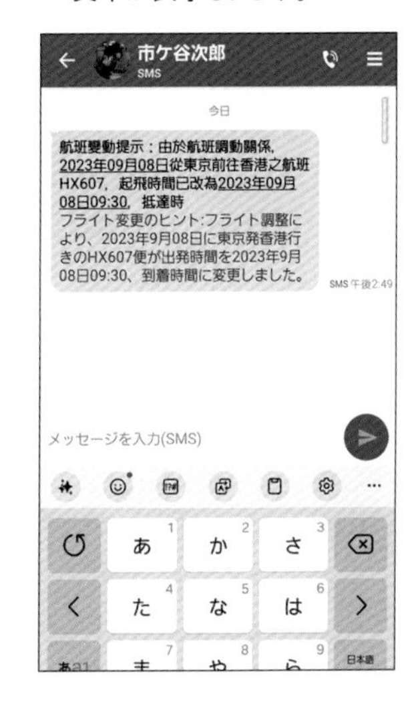

5

Section 50

ディスプレイやパソコンに接続して使用する

Application

DeX

S24 ／ S24 Ultraをディスプレイやパソコンに接続することで、画面をディスプレイに表示することができます。大きな画面で動画を楽しんだり、パソコンのように利用することもできます。

2つの接続モード

S24 ／ S24 Ultraは、ディスプレイやパソコンに接続して画面を表示することができます。利用できるモードとしては、ディスプレイでは「画面共有」モードと独自モードである「DeX」モード、パソコン（Windows 11/10対応）では「DeX」モードが利用できます。なお、ディスプレイやパソコンに接続するには、有線ではそれぞれの規格に合ったケーブル、無線ではMiracast対応が必要になります。また、パソコンに接続して「DeX」モードを利用するためには、あらかじめ「https://samsung.com/jp/apps/samsung.dex/」からパソコン用のDeXアプリをインストールする必要があります。

●画面共有

S24 ／ S24 Ultraの画面をそのままディスプレイに表示するモードです。操作も通常の操作と変わりません。ただし、縦画面では大きな余白が表示されます。

●DeX

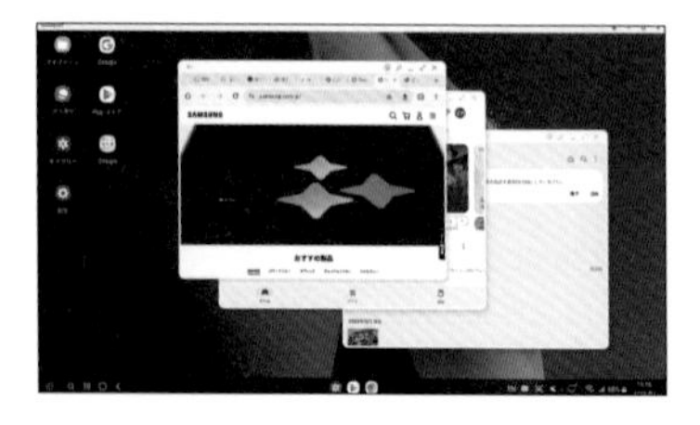

S24 ／ S24 UltraをWindowsのように利用できるモードです。DeXに対応したアプリであれば、アプリの大きさは自由に変更でき、全画面表示も可能です。パソコンに接続すれば、パソコンのマウスやキーボードが操作に利用でき、ディスプレイ接続の場合は、S24 ／ S24 UltraにBluetooth接続したマウスやキーボード、もしくはS24 ／ S24 Ultraをマウスパッドのように利用するモードもあります。

5

有線で接続時にモードを切り替える

① ディスプレイとS24 ／ S24 Ultraを HDMIなどの有線ケーブルで接続すると、初回はこの画面が表示されます。［開始］をタップします。

ラウンドとバックグラウンドのアプリケーションが終了します(一部例外があります)。

- Samsung DeXでシステム設定を変更すると、一部のアプリケーションはそのライセンスポリシーによっては有料アプリになる場合があります。
- Samsung DeXで設定を変更すると、モバイルデバイスの設定に反映されますが、一部の設定の変更はサポートされていない場合があります。
- Samsung DeXでのアプリケーションの最適化を実現するために、一部の情報はサーバー経由で更新される場合があります。このオプションは、Wi-Fiに接続している場合に限り利用できます。

タップする

外部ディスプレイに接続しました。

開始

② ディスプレイにDeXの画面が表示されます。この画面が表示されたら、［OK］をタップします。2回目以降は手順①、②の画面は表示されません。

③ DeXモードを終了する場合は、クイック設定ボタンの［DeX］をタップします。画面共有モードになります。DeXと画面共有モードは、クイック設定ボタンの［DeX］をタップすることで、切り替えることができます。

パソコンに接続する

パソコン用のDeXアプリをインストール済みのパソコンに、S24 ／ S24 UltraをUSB有線ケーブルで接続すると、S24 ／ S24 Ultraに以下のように表示されます。［今すぐ開始］をタップすると、DeXがウィンドウで起動します。［キャンセル］をタップすると、パソコンのDeXのウィンドウが閉じます。

DESKTOP-83O7NJ8でSamsung DeXを開始しますか？

Samsung DeXは、キャスト中または録画中に画面に表示されたり、端末から再生されたりする情報にアクセスできます。この情報には、パスワード、決済の詳細、画像、メッセージなどが含まれます。

キャンセル　　今すぐ開始

無線でパソコンやディスプレイに接続してDeXを利用する

1 Miracast対応のディスプレイやWi-Fiが利用できるDexインストール済みのパソコンでは、ワイヤレスでDeXを利用することができます。これらが近くにある状態で、クイック設定ボタンの［DeX］をタップします。

2 ［許可］をタップします。

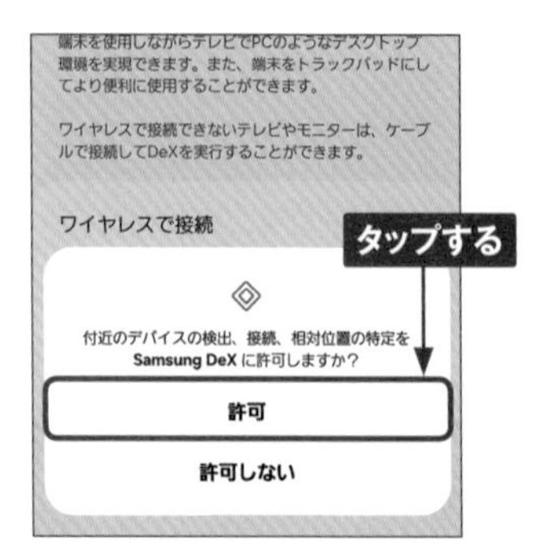

3 付近の利用できるパソコンが表示されるので、タップします。

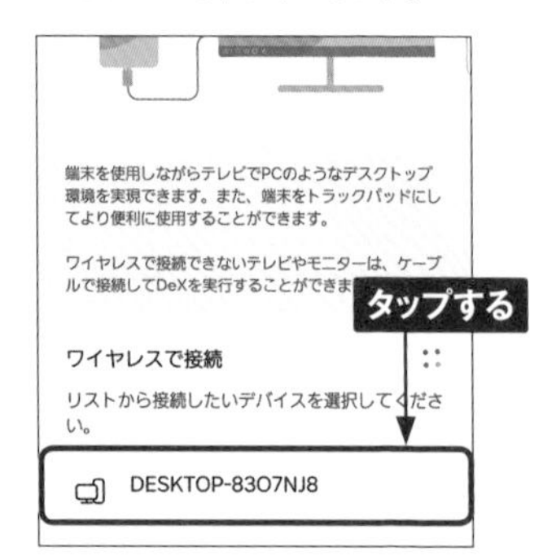

4 ［今すぐ開始］をタップすると、接続したパソコンでDeXが開始されます。

Windows 10パソコンで利用する場合

Windows 10のパソコンで利用するときは、Windows 10 の「設定」アプリを開き、［システム］→［このPCへのプロジェクション］の順にクリックして、プロジェクションが可能かどうか確認します。また、対応しているのに「このPCへのプロジェクション」がグレーになって選択できない場合は、「設定」アプリの［アプリ］→［アプリと機能］の順にクリックし、［オプション機能］をクリックします。［機能の追加］→［ワイヤレスディスプレイ］→［インストール］の順にクリックすると、「このPCへのプロジェクション」が利用できるようになります。

DeXの画面

「Dex」モードにすると、以下のようなDeXのデスクトップ画面がディスプレイに表示されます。

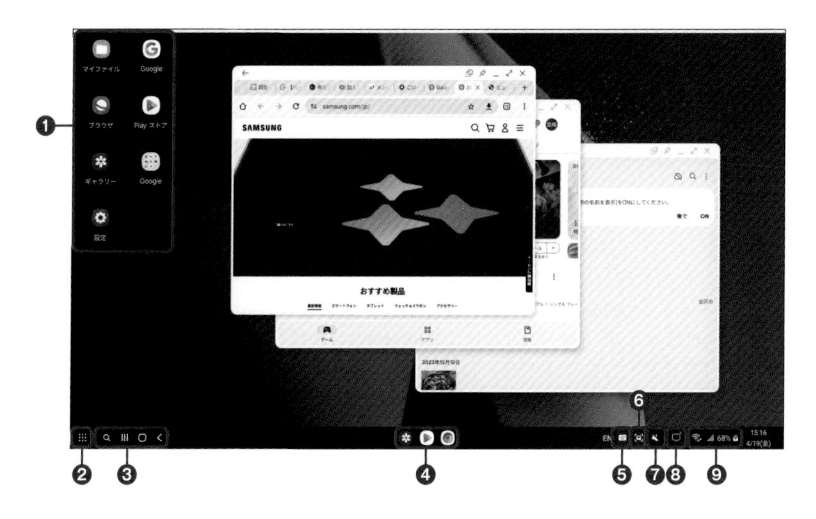

❶	アプリアイコンやフォルダ。アプリアイコンをダブルタップすると、アプリが起動します。
❷	アプリ一覧画面を表示します。
❸	S24／S24 Ultraの下部に表示されている、ナビゲーションバーのアイコンが表示されます。タップしたときの動作は、S24／S24 Ultraと同じです。
❹	起動中のアプリのアイコンが表示されます。
❺	S24／S24 Ultraの画面にキーボードを表示します。
❻	DeXの画面をキャプチャすることができます。
❼	オーディオを設定することができます。
❽	タップすると、通知パネルと同じ画面が表示されます。
❾	ステータスアイコンが表示されます。

パソコンでDeXアプリを利用する

パソコンにDeXアプリをインストールしてDeXを利用する場合、DeX自体の機能は変わりませんが、DeXがパソコンのアプリの1つとして動作するので、ウィンドウ内に表示され、パソコンのキーボードやマウスでそのまま操作したり、DeXとパソコンでファイルをドラッグ&ドロップしてコピーすることが可能です。

Section 51

便利なカスタマイズアプリを利用する

今まで日本では正式に利用できなかった、Galaxyシリーズのカスタマイズアプリ「Good Lock」が、2024年になって日本でも正式に利用できるようになりました。

Good Lockとは

Good Lockは、Galaxyシリーズ向けに提供されているカスタマイズモジュールです。Good Lockから、カスタマイズのための拡張モジュールをインストールすることで、さまざまなカスタマイズが可能になります。以前からGalaxyユーザーがGalaxyシリーズを使い続ける大きな理由の一つでもあり、このたび日本でも正式に利用できるようになったので、ぜひ使ってみましょう。
Good Lockでは、2024年4月現在20の拡張モジュールが利用できますが、その中でも人気の高いものを簡単に紹介しましょう。

One Hand Operation+

画面端からのスワイプ操作に機能を割り振るモジュールです。最近使用したアプリの表示や戻る、ホームといった操作やアプリの起動が片手でできるようになります。

Camera Assistant

「カメラ」アプリの機能を拡張するモジュールです。2倍ズームボタンを付加したり、シャッターボタンを触れた直後に写真を撮影したりする機能を利用できるようになります。

QuicStar

クイック設定パネルをカスタマイズするモジュールです。クイック設定パネルのボタン配置の間隔を変更したり、テーマを適用してデザインを変更したりすることができます。

Home Up

ホーム画面のカスタマイズをするモジュールです。ホーム画面のグリッド数やドックに配置できるアプリの数、フォルダのカスタマイズなどをすることができるようになります。

Good Lockを利用する

1 Good Lockを利用するには、「Galaxy Store」(Sec.36参照)で「Googd Lock」を検索してインストールします。

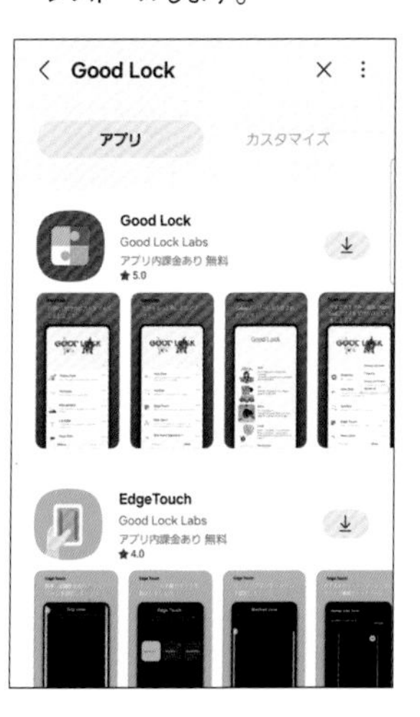

2 「Googd Lock」アプリを起動すると、利用できるモジュールが表示されます。[Galaxyカスタマイズ] もしくは、[便利なGalaxy] をタップして、モジュールを選択します。

3 利用したいモジュールの ⤓ をタップします。

4 インストールしたモジュールは、カテゴリの上部に表示されます。モジュールをタップします。

5 モジュールが起動して、各種設定をできます。

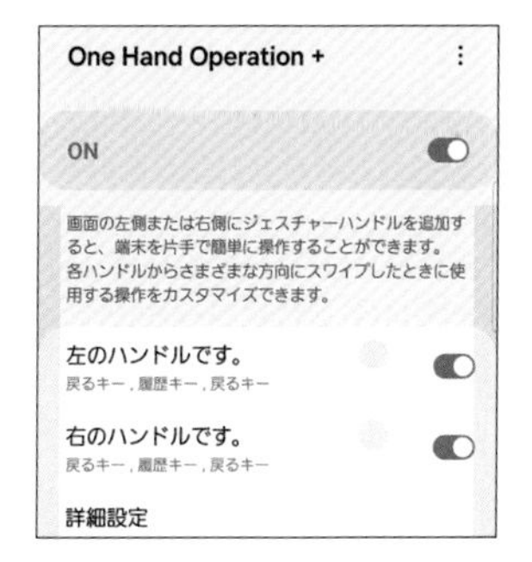

5

Section 52

画面をキャプチャする

S24 ／ S24 Ultraで表示している画面をキャプチャするには、本体キーを利用する方法と、スワイプキャプチャを利用する方法があります。また、キャプチャした画面は、すぐに編集することができます。

画面のキャプチャ方法

●本体キーを利用する

キャプチャしたい画像を表示して、音量キーの下側とサイドキーを同時に押します。

●スワイプキャプチャを利用する

キャプチャしたい画像を表示して、画面上を手の側面（手の平を立てた状態）で、左から右、または右から左にスワイプします。

5

キャプチャした画面を編集する

1 画面をキャプチャすると、下部にメニューが表示されます。[icon]をタップするとWebページなどの表示範囲外の部分もキャプチャできます。

2 ここでは、キャプチャ画面に指で描き込みをしてみましょう。[icon]をタップします。

3 画面に指で描き込みをします。

4 [icon]をタップすると、「DCIM」フォルダの「Screenshots」フォルダに保存されます。

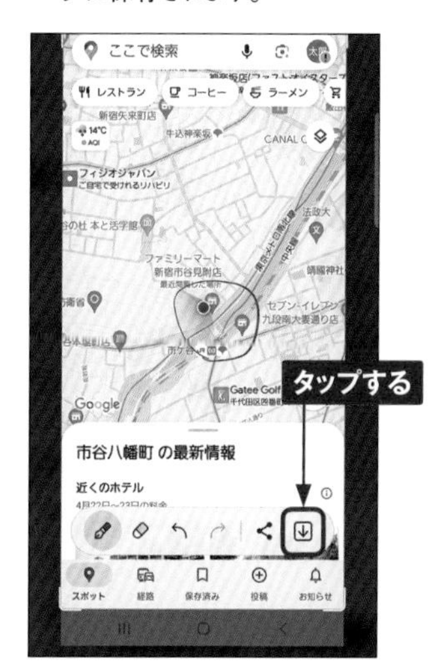

5

Section 53

他の機器をワイヤレスで充電する

S24 ／ S24 Ultraは、Qi規格対応のほかの機器を、ワイヤレスで充電することができます。Galaxy Budsや、ほかのスマートフォンなども充電でき、充電が終わると自動的に終了します。

ワイヤレスバッテリー共有を利用する

1 あらかじめSec.57を参考に、クイック設定パネルに「ワイヤレスバッテリー共有」のアイコンを追加しておきます。ステータスバーを下方向にスライドして通知パネルを表示し、画面を下方向にフリックします。

2 ［ワイヤレスバッテリー共有］をタップします。

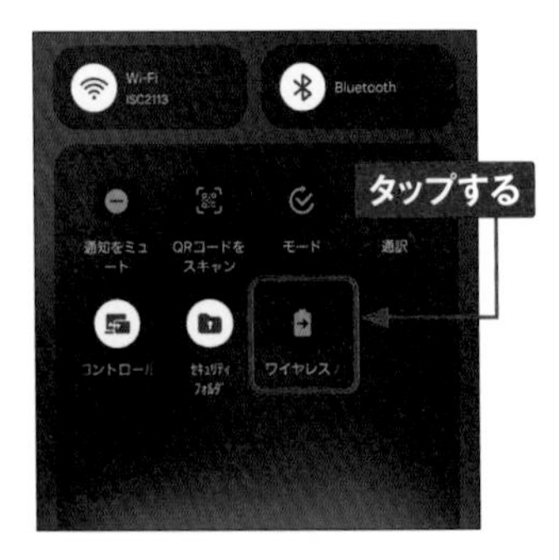

3 この画面が表示されるので、S24 ／ S24 Ultraをテーブルなどに伏せて置きます。

4 背面中央に、充電したい機器を置きます。自動的に充電が始まり、充電したい機器が満充電になると、充電が終了します。

Chapter

6

S24/S24 Ultraを使いやすく設定する

Section 54

ホーム画面をカスタマイズする

ホーム画面は壁紙を変更したり、テーマファイルを適用して全体のイメージを変更したりすることができます。また、壁紙の色に合わせてアイコンなど全体の色を調整することもできます。

壁紙を写真に変更する

1 「設定」アプリを起動し、[壁紙とスタイル]をタップします。

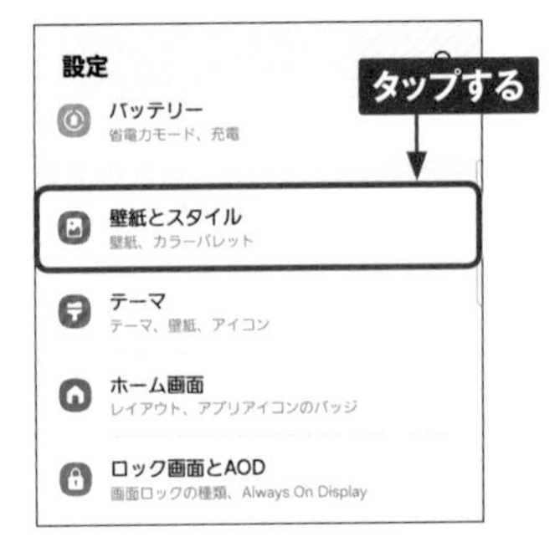

2 [壁紙を変更]をタップします。

3 ここでは自分で撮影した写真を壁紙にします。[ギャラリー]をタップします。ロック画面には動画を利用することもできます。[壁紙サービス]をタップすると、有料や無料で提供されている壁紙を検索することができます。

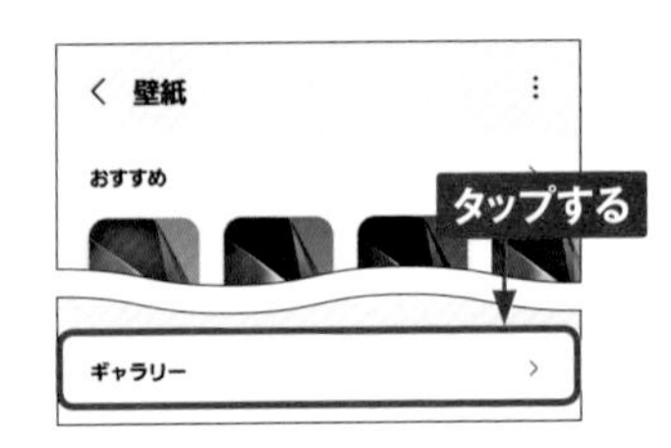

4 「ギャラリー」アプリが開くので、壁紙にしたい写真をタップして選択し、[完了]をタップします。

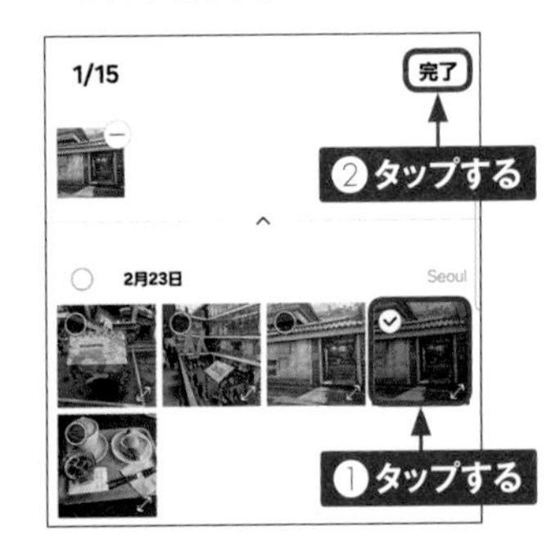

5 標準では、ロック画面とホーム画面の両方に反映されます。壁紙を変更したくない画面があれば、タップしてチェックを外します。［次へ］をタップします。

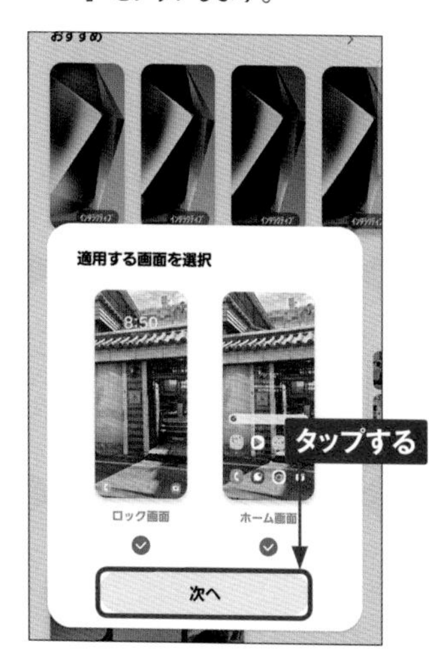

6 ロック画面のプレビューが表示されます。画面をドラッグすると、表示範囲を変更することができます。［ホーム］をタップします。

7 ホーム画面のプレビューが表示されます。［完了］をタップすると、変更した壁紙が反映されます。元に戻したい場合は、P.160手順③の画面で、［おすすめ］をタップして、最初の壁紙をタップします。

MEMO 壁紙に合わせて配色を変更する

P.160手順②の画面で、［カラーパレット］をタップすると、壁紙の色に合わせて、全体の配色を変更することができます。表示された画面で、［カラーパレット］をタップし、配色をタップして、［適用］をタップします。

6

テーマを変更する

1 「設定」アプリを起動し、[テーマ]をタップします。

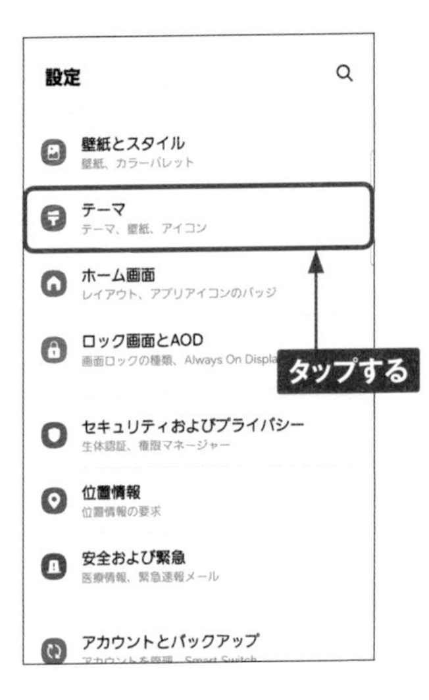

2 「おすすめ」のテーマが表示されます。上方向にスワイプすると、他のテーマを見ることができます。

3 [人気]をタップします。なお、下部の[アイコン]をタップすると、アイコンのみを変更することもできます。

4 ここでは、[全て]をタップし、[無料]をタップします。

5 利用したいテーマをタップします。なお、テーマの利用にはSamsungアカウント（Sec.35参照）が必要です。

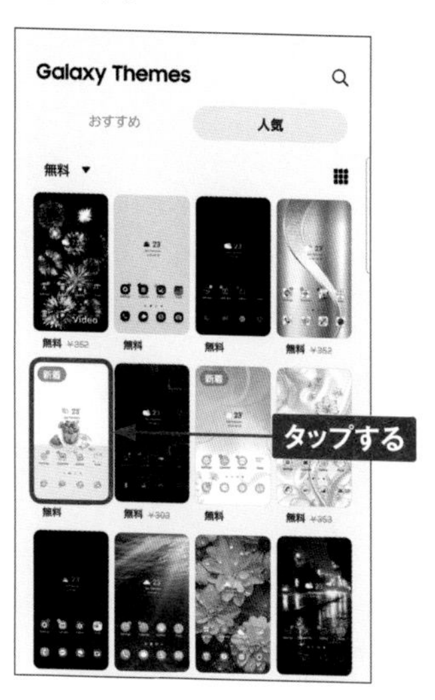

6 テーマを確認して、[ダウンロード]をタップします。

7 ダウンロードが終了したら、[適用]をタップします。

8 テーマが変更されました。元のテーマに戻すには、P.162手順②の画面で［メニュー］→［マイコンテンツ］→［テーマ］をタップして、［標準］をタップします。

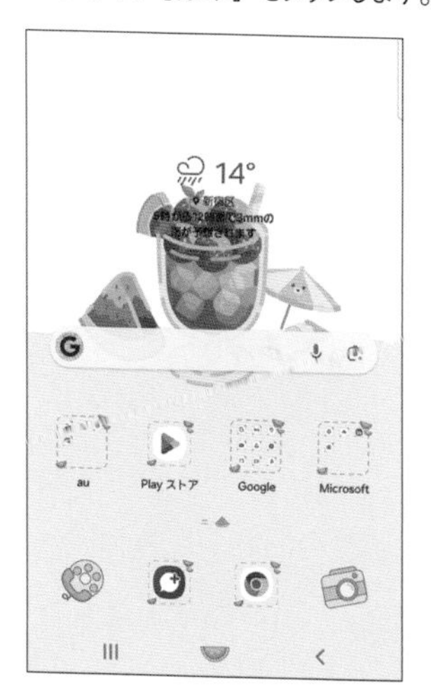

6

Section 55

ロック画面をカスタマイズする

ロック画面に表示される、時計や通知アイコン、アプリのショートカットは、変更することができます。また、ロック画面に表示されるウィジェットを選択することも可能です。

ロック画面の要素を変更する

1 「設定」アプリを起動し、[壁紙とスタイル]をタップしてロック画面をタップします。

2 変更したい箇所(ここでは時計)をタップします。

3 文字のフォントや、時計のスタイル、色などを変更することができます。ここではアナログ時計をタップします。

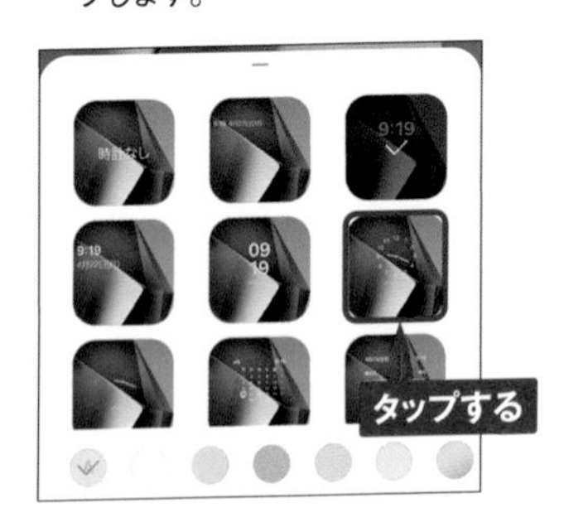

4 アナログ時計になりました。四隅のハンドルをドラッグします。

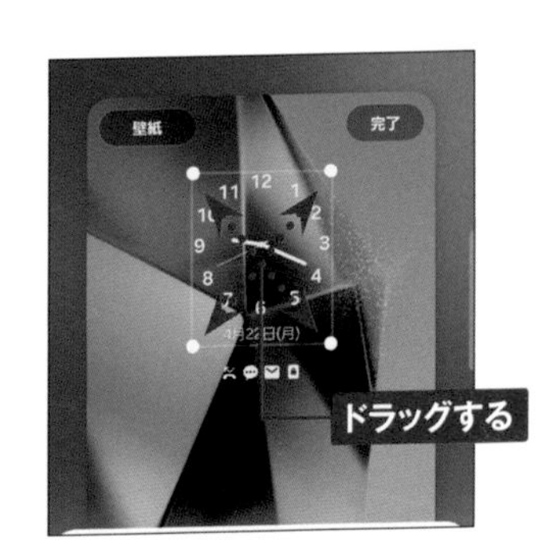

5 時計の大きさを変更することができます。場所の移動もできます。編集が終わったら、[完了] をタップすると、編集が反映されます。

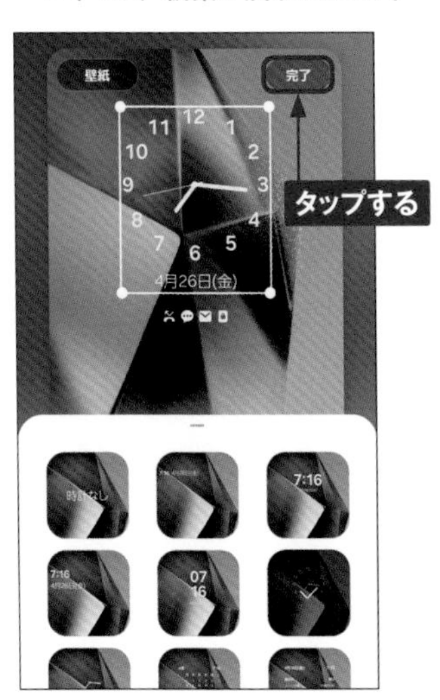

6 通知アイコン部分をタップすると、通知のスタイルなどを設定することができます。

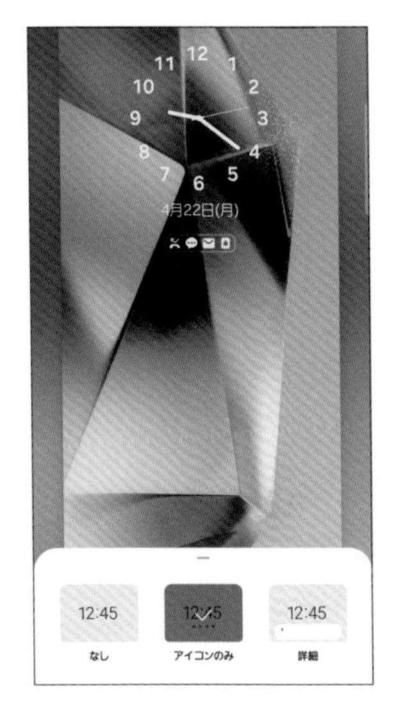

7 下部左右のショートカットをタップすると、別のアプリに変更することができます。

8 P.164手順②の画面で、[+ウィジェット] をタップすると、ロック画面に表示するウィジェットを選択することができます。

6

Section 56

ウィジェットを利用する

ホーム画面にはウィジェットを配置できます。ウィジェットを使うことで、情報の閲覧やアプリへのアクセスをホーム画面上から簡単に行えます。

ウィジェットとは

ウィジェットとは、ホーム画面で動作する簡易的なアプリのことです。情報を表示したり、タップすることでアプリにアクセスしたりすることができます。標準で多数のウィジェットがあり、Google Playでアプリをダウンロードするとさらに多くのウィジェットが利用できます。これらを組み合わせることで、自分好みのホーム画面の作成が可能です。ウィジェットの移動や削除は、ショートカットと同じ操作で行えます。

ウィジェット自体に簡易的な情報が表示され、タップすると詳細情報が閲覧できます。

スイッチで機能のオン／オフや操作を行うことができます。

スライドすると情報が更新され、タップすると詳細が閲覧できるウィジェットです。

ウィジェットを追加する

1 ホーム画面をロングタッチし、[ウィジェット] をタップします。画面はOne UIホームです。

2 下部のアプリ名(ここでは[カレンダー])をタップします。

3 アプリのウィジェットが表示されるので、追加したいウィジェットをロングタッチします。

4 ホーム画面が表示されるので、設置したい場所にドラッグして指を離します。なお、One UIホームでは、手順③でウィジェットをタップして、[追加] をタップすると、ホーム画面の空いているところに追加されます。

MEMO ホーム画面を追加する

ホーム画面にウィジェットを置くスペースがない場合は、ホーム画面を追加します。ドコモのdocomo LIVE UXでは、ショートカットやウィジェットを追加する際に画面の右端にドラッグすると、追加のホーム画面が表示されます。One UIホームでは手順①の画面を左方向にスワイプして、[+] をタップすると、ホーム画面が追加されます。

Section 57

クイック設定パネルを利用する

通知パネルの上部に表示されるクイック設定パネルを利用すると、「設定」アプリなどを起動せずに、各機能のオン／オフを切り替えることができます。

機能をオン／オフする

1 ステータスバーを下方向にスライドします。なお、2本指で下方向にスライドすると、手順③の画面が表示されます。

2 通知パネルの上部に、クイック設定パネルが表示されています。白いアイコンが機能がオンになっているものです。タップするとオン／オフを切り替えることができます。画面を下方向にフリックします。

3 ほかのクイック設定ボタンが表示されます。ロングタッチすることで、設定画面が表示できるアイコンがあります。ここでは［バイブ］をロングタッチします。

4 「設定」アプリの「サインドとバイブ」画面が表示され、設定を行うことができます。

クイック設定ボタンを編集する

① P.168手順③の画面で、✎をタップします。

② ここでは［全体］をタップします。

③ 下部の追加したいボタンをロングタッチして、追加したい場所にドラッグします。なお、上部のボタンの－をタップすると、上部からボタンが消え、下部に移動します。

④ 上部のアイコンは、ドラッグ操作で並べ替えられます。編集が終わったら、［完了］をタップします。

6

Section 58

Application

ダークモードを利用する

S24/S24 Ultraでは、画面全体を黒を基調とした目に優しく、省電力にもなるダークモードを利用することができます。ダークモードに変更すると、対応するアプリもダークモードになります。

ダークモードに変更する

1 「設定」アプリを起動し、[ディスプレイ]をタップします。

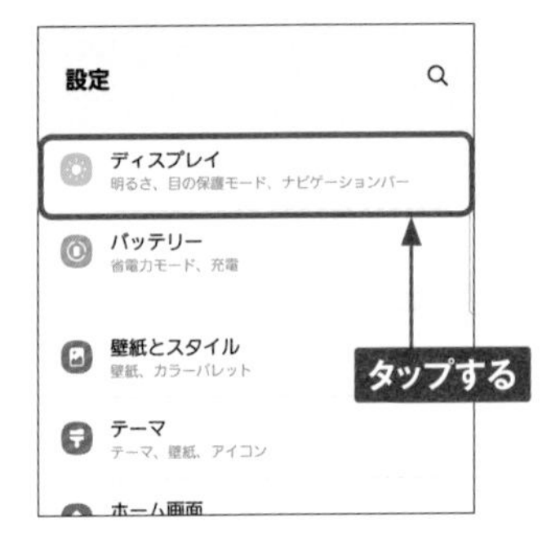

2 [ダーク]をタップします。

3 画面全体が黒を基調とした色に変更されます。

4 対応したアプリ(画面は「Chrome」)も、ダークモードになります。

6

Section 59

ナビゲーションバーをカスタマイズする

ナビゲーションバーは、ボタンの配置やバーの形状を変更することができます。使いやすいように、変更してみましょう。

ナビゲーションバーを変更する

1 「設定」アプリを起動し、[ディスプレイ]をタップします。

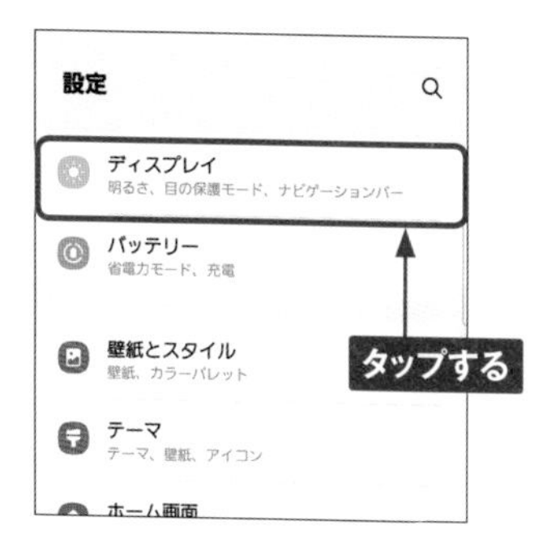

2 [ナビゲーションバー]をタップします。

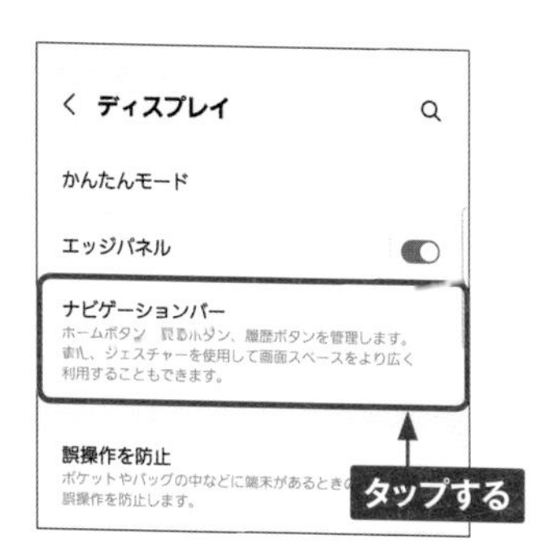

3 ナビゲーションバーの形状の選択、[他のオプション]でボタンの配置を逆にすることができます。

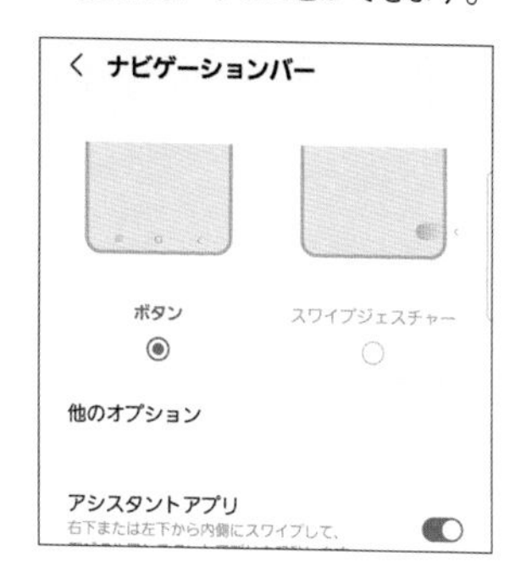

MEMO スワイプジェスチャー

手順③の「ナビゲーションタイプ」で選択できる「スワイプジェスチャー」は、Android 10以降で標準となったナビゲーションバー形状です。ボタンをタップする代わりに、上方向にスワイプで「アプリ一覧」画面や履歴の表示、左右方向のスワイプでアプリの切り替えができます。

Section 60

アプリごとに言語を設定する

Application

アプリの言語設定は、標準ではシステムのデフォルト（日本では通常日本語）と同じ言語になっています。これを変更することで、メニューの表示言語や、翻訳の元言語を変更することができます。

アプリの標準言語を設定する

1 「設定」アプリを起動し、[一般管理] をタップします。

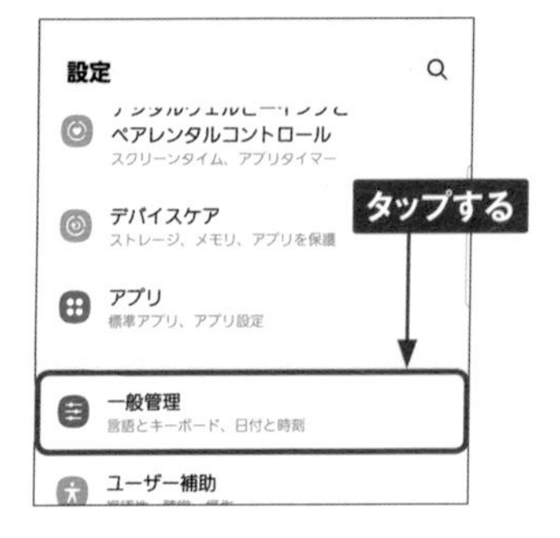

2 [アプリの言語] をタップします。

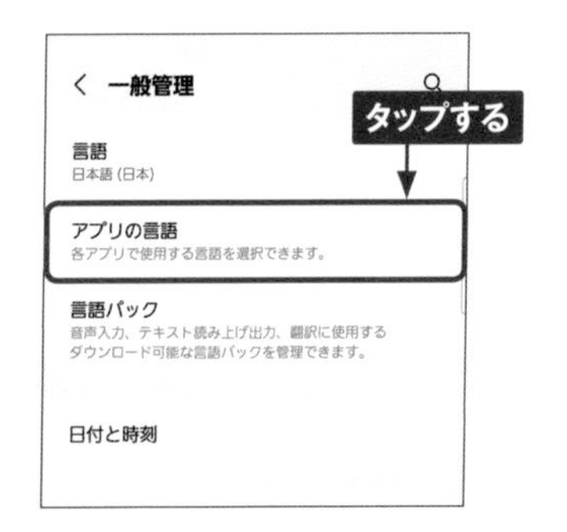

3 ここでは、「Chrome」アプリの言語を変更します。[Chrome] をタップします。

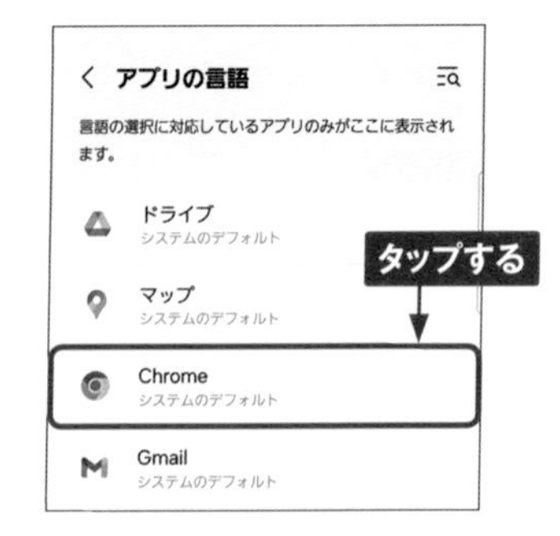

4 設定したい言語をタップし、言語によっては地域を選択すると、アプリの言語が変更されます。なお、言語を変更した場合、フォントのダウンロードなどが必要になる場合があります。

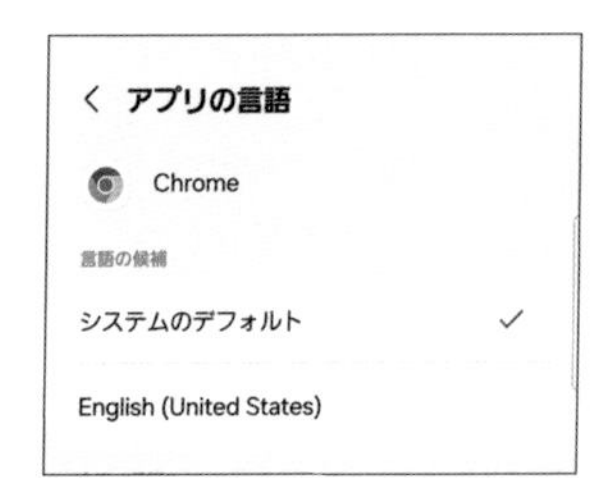

6

Section 61

アプリの通知や権限を理解する

アプリをインストールや起動する際、通知やアプリが使用する機能の権限についての許可画面が表示されます。通常はすべて許可で大丈夫ですが、これら許可画面について理解しておきましょう。

通知や権限の許可画面を理解する

従来、Androidスマートフォンでは、アプリを起動する際に、そのアプリが使用する機能や使用する他のアプリについて、許可を求める画面が表示されていました。これらは、アプリの権限と呼ばれています。たとえば、「カレンダー」アプリの場合、「連絡先」アプリや「位置情報」などを使用する許可画面が表示されます。通常、これらはすべて許可しても大丈夫で、必要な機能が許可されていないと、使用に際して不便な場合もあります。
加えて、Android 13から、アプリの通知に関する許可も表示されるようになりました。通知に関する許可は、通常はアプリのインストール時、最初からインストールされているアプリでは、初回起動時に表示されます。また、Android 14からは、写真へのアクセスを、写真全体か許可しないに加えて、個別の写真を選択することもできるようになりました。
なお、権限も通知も、最初の許可画面で「許可」、もしくは「許可しない」を選んでも、あとから変更することができます（Sec.62 ～ 63参照）。

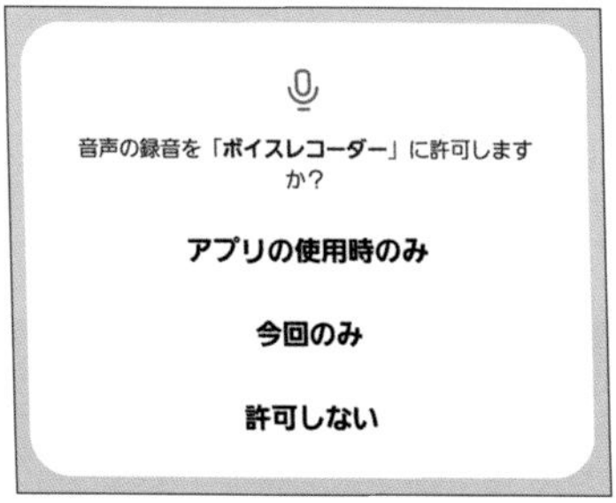

アプリの権限に関する許可画面。どの機能やアプリを利用するのか表示されるので、確認して、いずれかをタップしましょう。

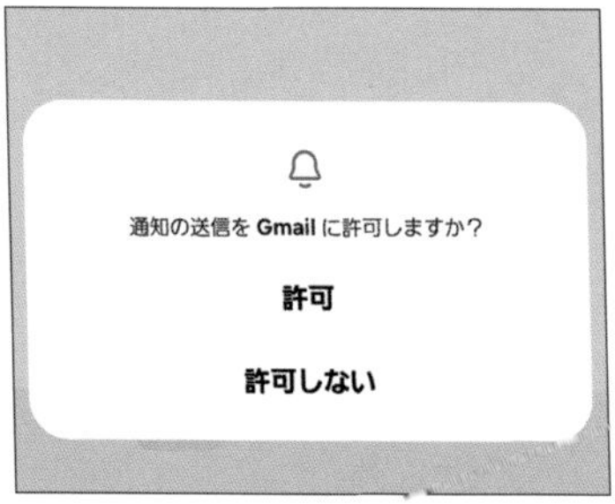

Android 13からは、通知に関する許可画面も表示されるようになりました。これは、利用者が不要な通知に悩まされないようにするためです。

Section 62

アプリの通知設定を変更する

ステータスバーやポップアップで表示されるアプリの通知は、アプリごとにオン／オフを設定したり、通知の方法を設定することができます。

曜日や時間で通知をオフにする

1 「設定」アプリを起動し、[通知] タップして、[通知をミュート] をタップします。

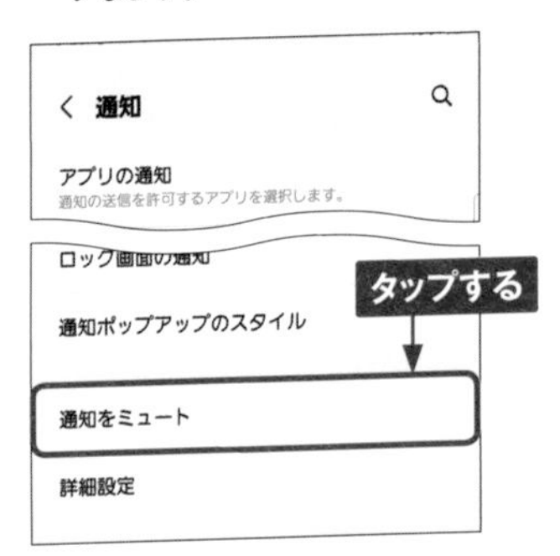

2 [スケジュールを追加] をタップします。

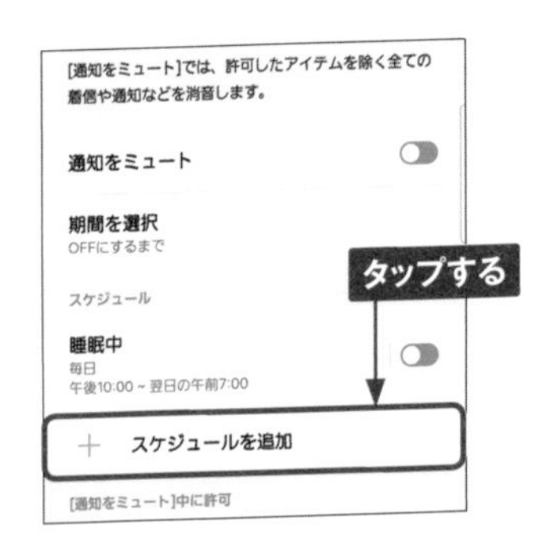

3 スケジュール名やスケジュールを設定し、[保存] をタップします。

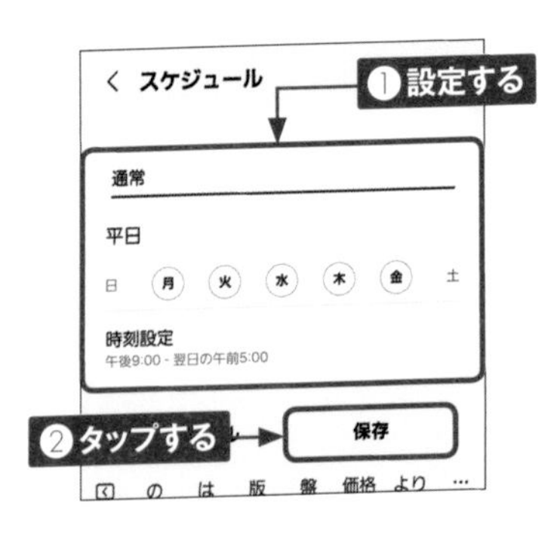

4 通知をミュートするスケジュールが設定されます。トグルをタップして、オン／オフを切り替えることができます。

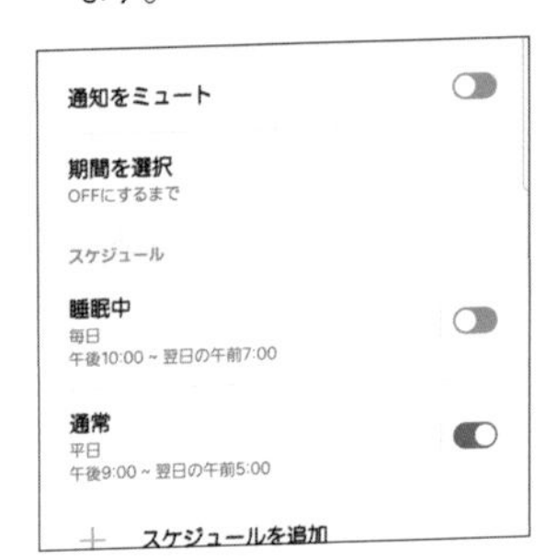

通知を細かく設定する

1 「設定」アプリを起動し、[通知]をタップします。

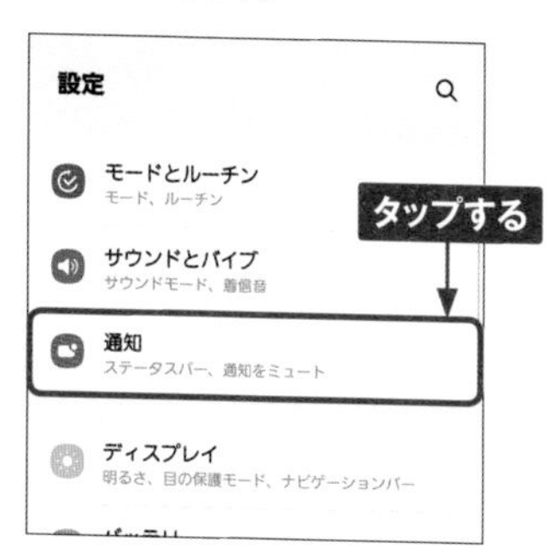

2 [アプリの通知]をタップします。

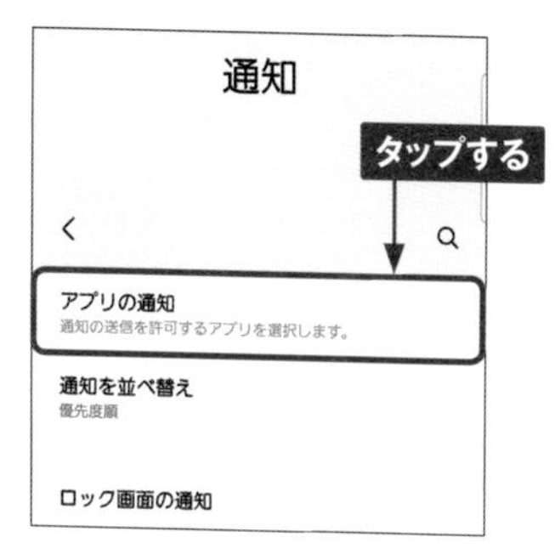

3 通知を受信しないアプリの⬤をタップします。

4 タップしたアプリの通知が、オフになります。より細かく設定したい場合は、アプリ名をタップし、[○○の設定]（○○はアプリ名）をタップします。

5 各項目をタップして、詳細な通知項目を設定します。

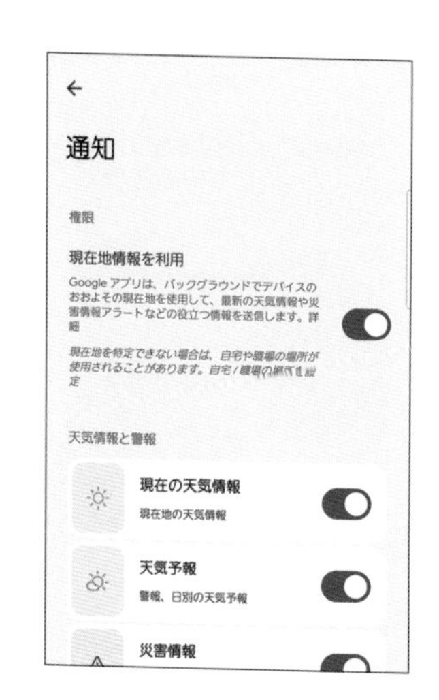

6

Section 63

アプリの権限を確認する／変更する

アプリを最初に起動する際、そのアプリがデバイスの機能や情報、別のアプリへのアクセス許可を求める画面が表示されることがあります。これを「権限」と呼び、確認や変更することができます。

権限の使用状況を確認する

1 「設定」アプリを起動し、［セキュリティおよびプライバシー］→［過去24時間で使用された権限］をタップします。

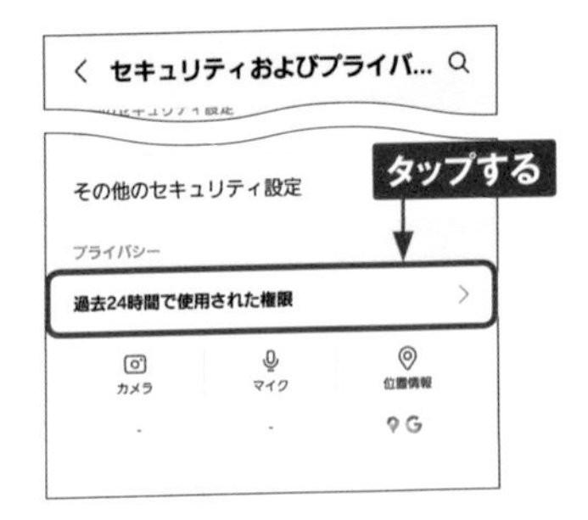

2 初回はこの画面が表示されるので、［開始］をタップします。

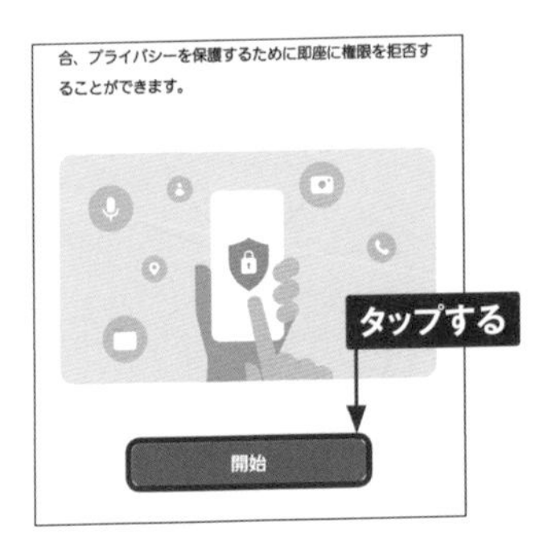

3 権限として使用された機能やアプリが表示されます。確認したい機能をタップします。

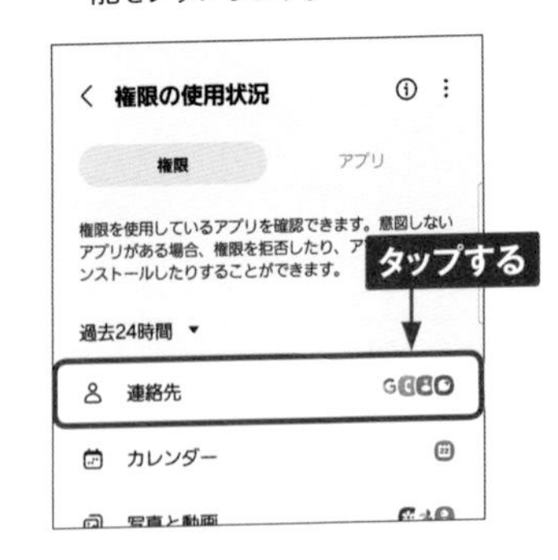

4 24時間以内の使用状況を確認することができます。なお、手順③の画面で［過去24時間］をタップして、［過去7日間］をタップすると、7日間の使用状況を確認することもできます。

アプリの権限を確認する／変更する

1 P.176手順①の画面で、［権限マネージャー］をタップします。

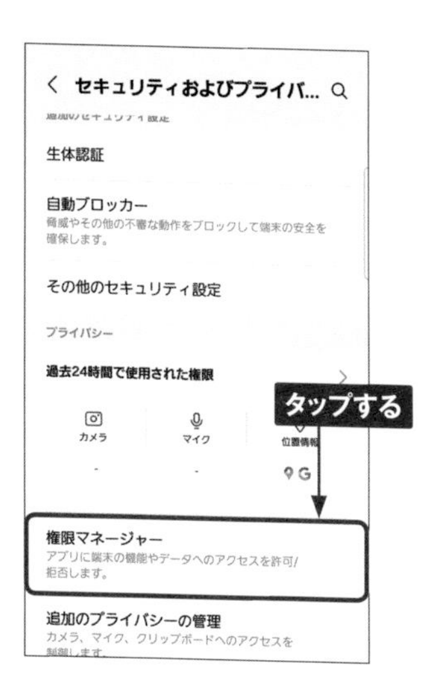

2 権限として使用される機能やアプリが表示されます。どのアプリがどんな権限になっているか、確認したい機能をタップします。

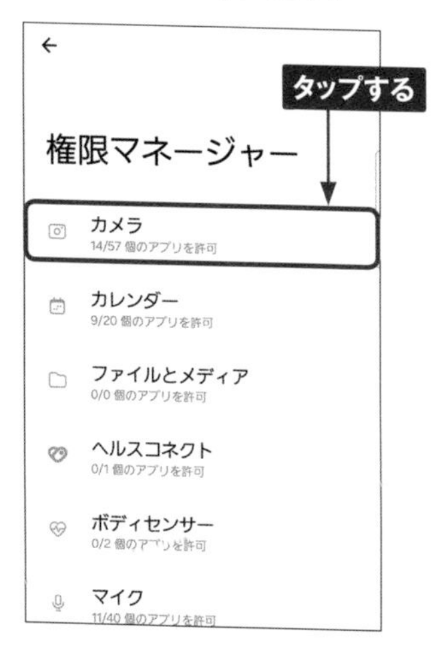

3 「常に許可」「使用中のみ許可」などの欄に、アプリが表示されます。権限を変更したい場合は、アプリ名をタップします。

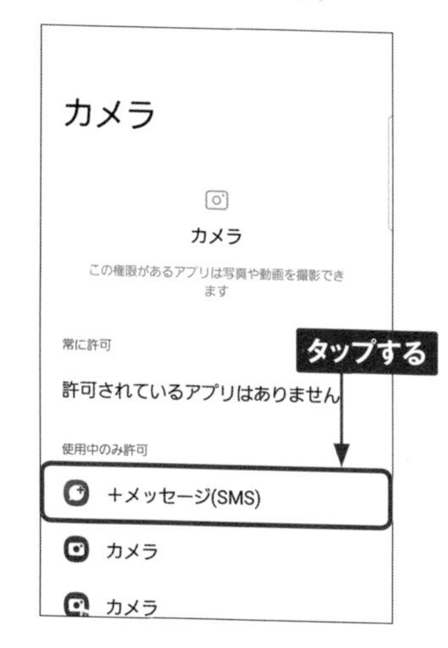

4 各項目をタップして権限を変更します。

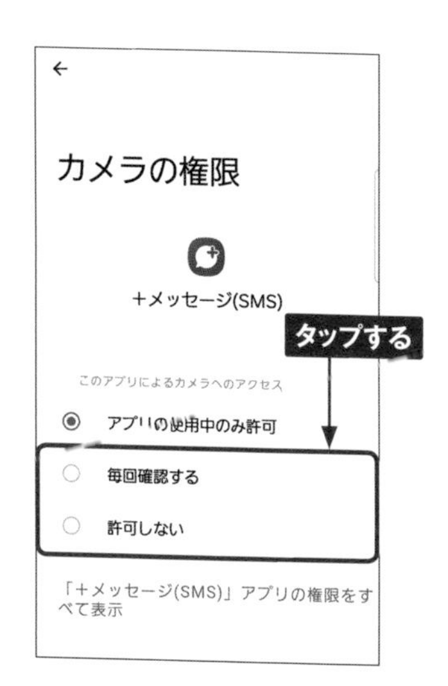

6

Section 64

画面の解像度や文字の見やすさを変更する

S24 Ultraは、画面の解像度を変更して電力消費や動作を調整することができます。また、S24/S24 Ultraは、文字の大きさやズームの度合いを変更して画面を見やすいように調整することができます。

解像度を変更する

1 この機能はS24 Ultraのみです。「設定」アプリを起動し、[ディスプレイ]→[画面の解像度]をタップします。

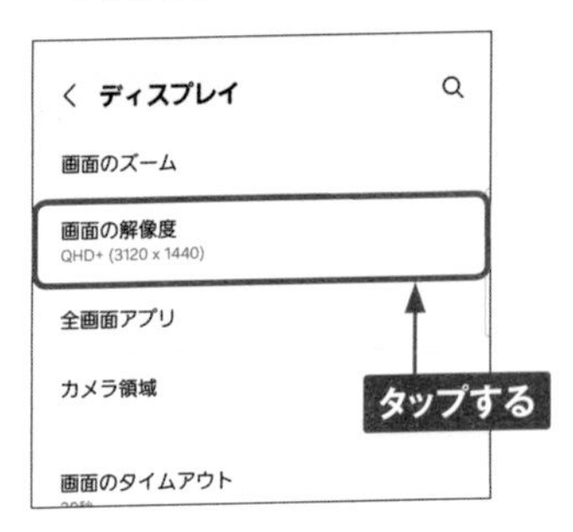

2 ここでは[1560×720]をタップします。解像度が高いほど画面が高精細に、低いほど消費電力の軽減および動作の高速化が期待できます。

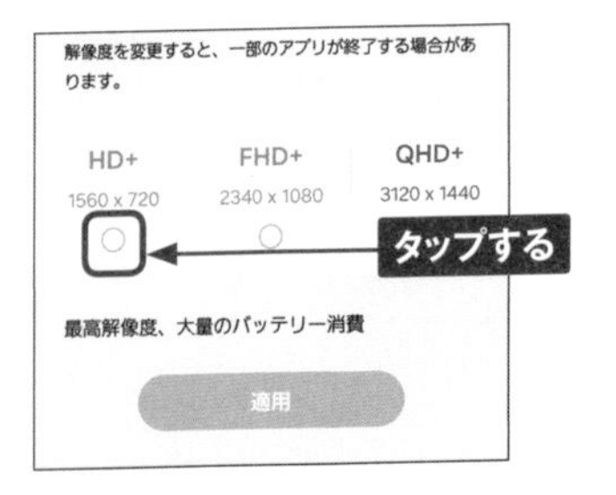

3 [適用]をタップすると、解像度が変更されます。

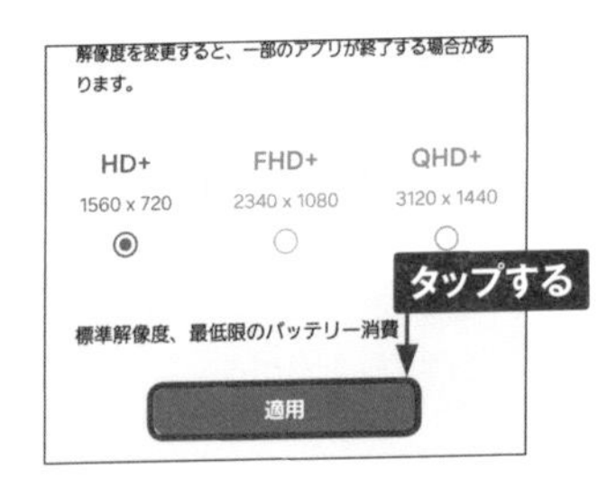

MEMO 動きの滑らかさ

S24/S24 Ultraの画面書き換え速度は、標準では利用状況によって可変で、最大120Hzになっています。これを60Hzに固定してバッテリーの消費を抑えることができます。書き換え速度を60Hzに固定するには、「設定」アプリを起動し、[ディスプレイ]→[動きの滑らかさ]の順にタップし、[標準]をタップします。

文字の見やすさを変更する

1 P.178手順①の画面を表示し、[文字サイズとフォントスタイル]をタップします。

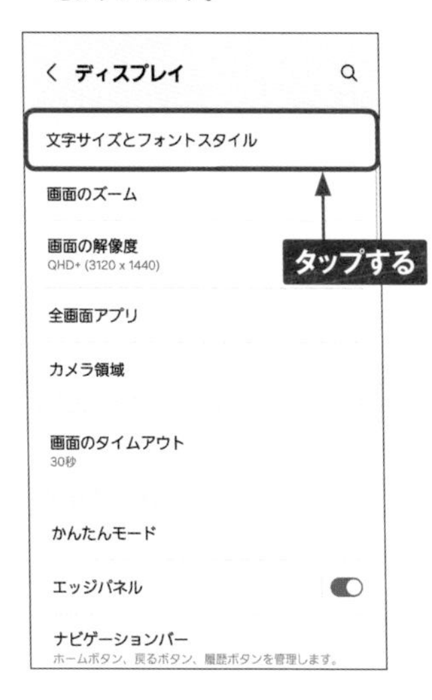

2 [文字サイズ]で、一番右側をタップします。大きくするほど文字が拡大され、小さくするほど画面に表示できる文字が増えます。

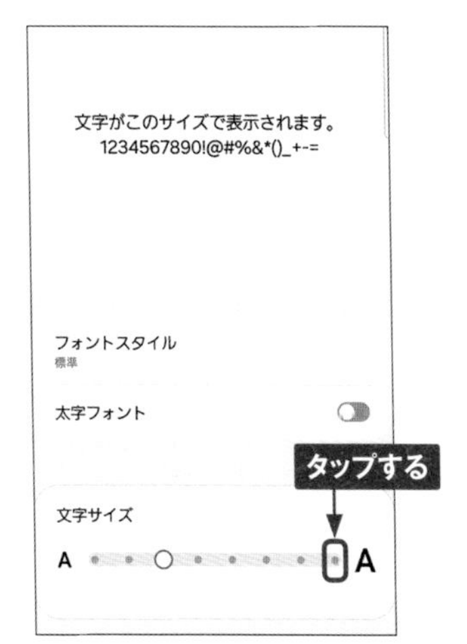

3 プレビューで大きさを確認することができます。

4 手順①の画面で、[画面のズーム]をタップすると、画面上のアイテムの拡大ができます。

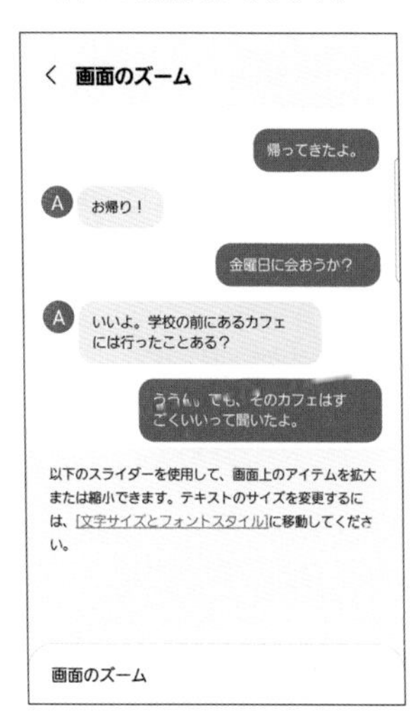

Section 65

デバイスケアを利用する

S24/S24 Ultraには、バッテリーの消費や、メモリの空きを管理して、端末のパフォーマンスを上げる「デバイスケア」機能があります。

端末をメンテナンスする

1 「設定」アプリを起動し、［デバイスケア］をタップします。

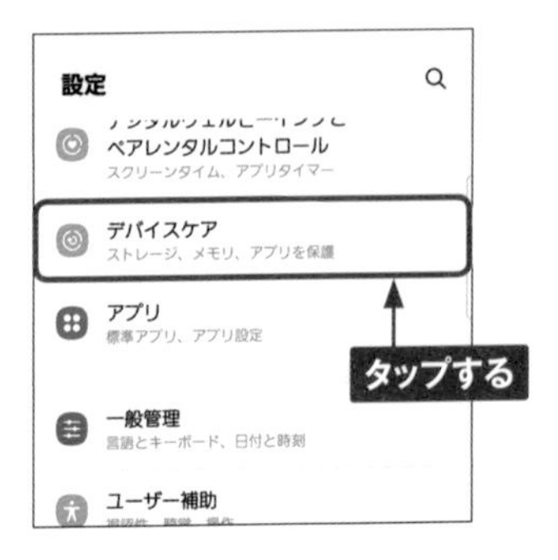

2 ［今すぐ最適化］をタップします。なお、最適化されている場合は、表示されません。

3 自動で最適化されます。画面下部の［完了］をタップします。

4 手順②の画面で、［バッテリー］をタップします。

5 ［省電力モード］をタップします。

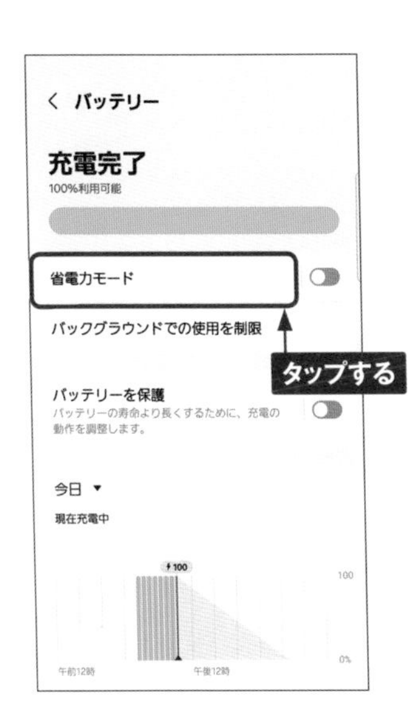

6 バッテリー消費とパフォーマンスのバランスを、選ぶことができます。

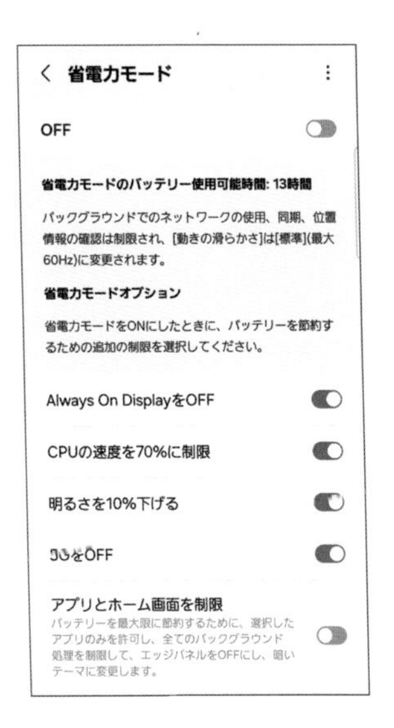

7 手順⑤の画面で、［バックグラウンドでの使用を制限］をタップすると、アプリの「スリープ」（バックグラウンドで動作）、「ディープスリープ」（完全に停止）、「スリープ状態にしない」を管理することができます。

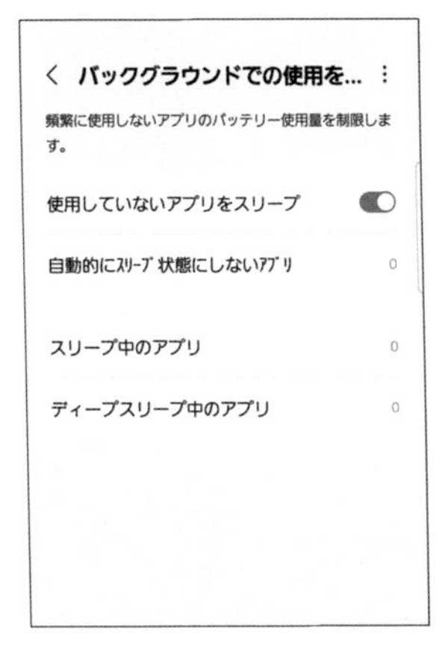

8 デバイスケアはウィジェットとして、ホーム画面に配置することができます。ストレージやメモリの使用状況がすぐに確認でき、最適化をすることができます。

6

Section 66

ゲーム時にバッテリーを経ずに給電する

Application

S24/S24 Ultraには、ゲームプレイ時に充電器を接続しても、内蔵バッテリーを充電せず、本体へ直接給電してくれる機能があり、バッテリーへの負荷や発熱を抑えることができます。

USB Power Deliveryの一時停止を設定する

1 「設定」アプリを起動し、[バッテリーとデバイスケア] をタップします。

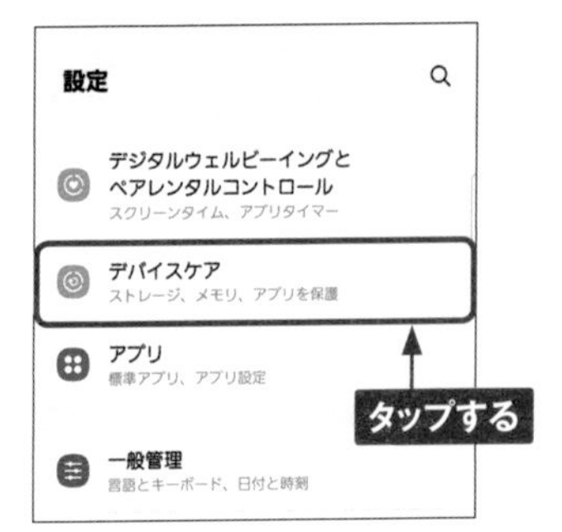

2 [バッテリー] をタップします。

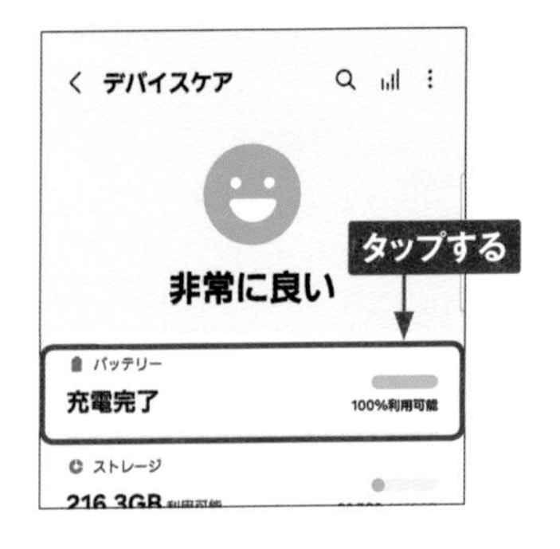

3 [充電設定] をタップします。

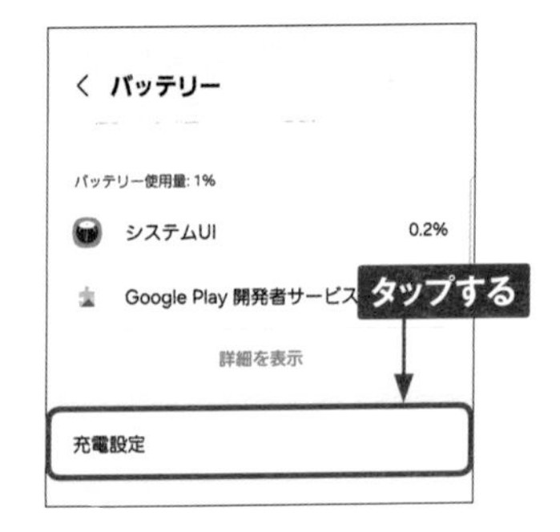

4 急速充電が有効になっていなかったら、タップして有効にします。

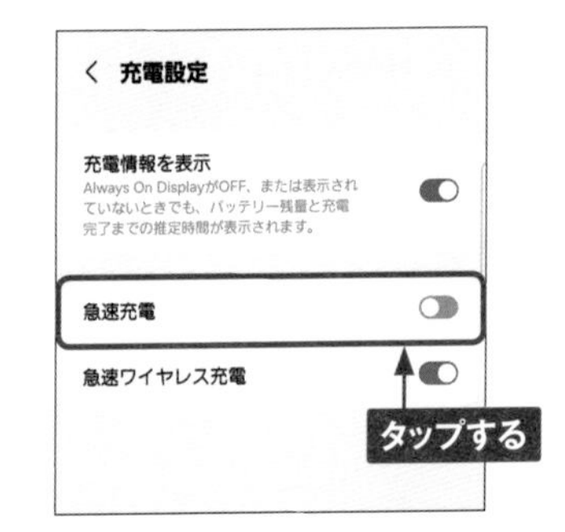

6

5 充電器を接続してゲームを起動後、「アプリ一覧」画面で、[Gaming Hub]をタップします。

6 ⋮をタップします。

7 [Game Booster]をタップします。

8 [USB Power Deliveryを一時停止]をタップして、有効にします。なお、適正な充電器が接続されていない場合は、この項目がグレーになり、タップできません。

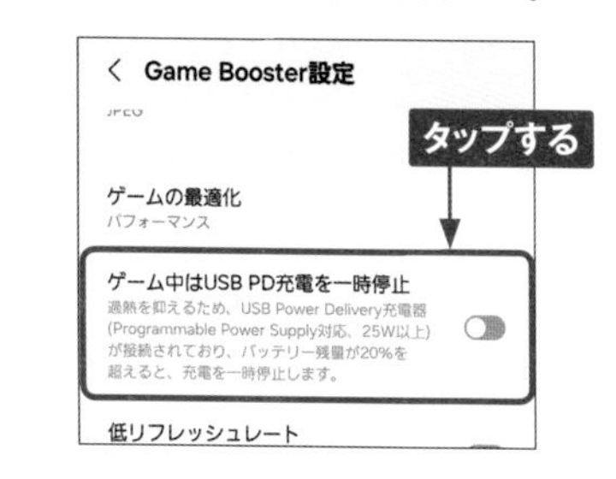

MEMO **充電器の条件**

この機能を利用するにはUSB PD PPS規格に対応した、25W以上の出力が可能な充電器が必要です。ただし、この規格に対応していても機能しない充電器があるようなので、サムスン製の45W Travel Adapterを利用することをお勧めします。

Section 67

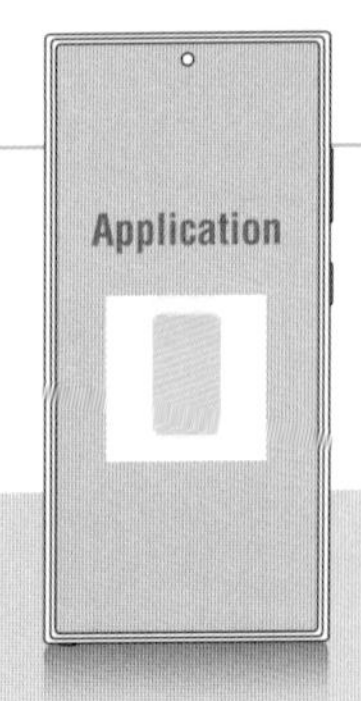

無くした端末を見つける

S24/S24 Ultraを無くしたり、場所が分からなくなった場合、Galaxyアカウントが設定されていれば、「端末リモート追跡」機能で、場所を見つけたり、端末にロックしたりすることができます。

端末リモート追跡を利用する

1 「設定」アプリを起動し、[セキュリティおよびプライバシー] をタップします。

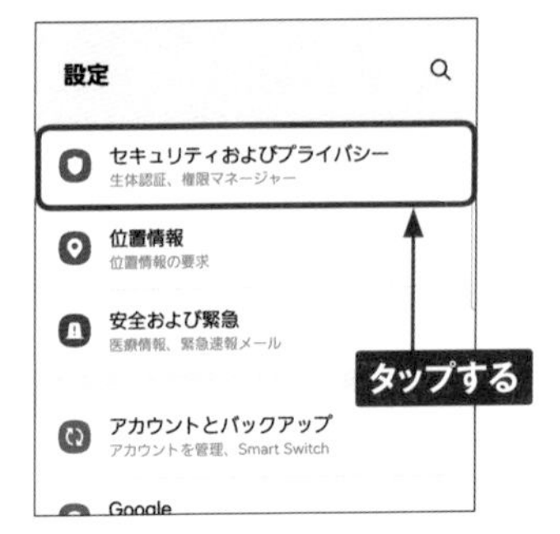

2 「端末リモート追跡」は標準で有効になっています。[紛失したデバイスを保護] をタップします。

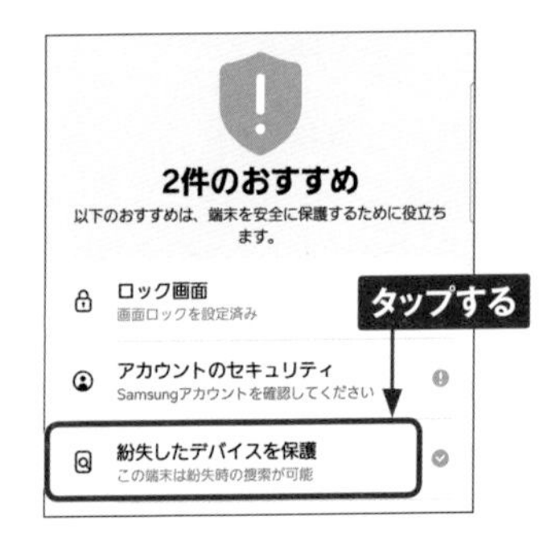

3 「端末リモート追跡」を利用する際のSamsungアカウントが確認できます。

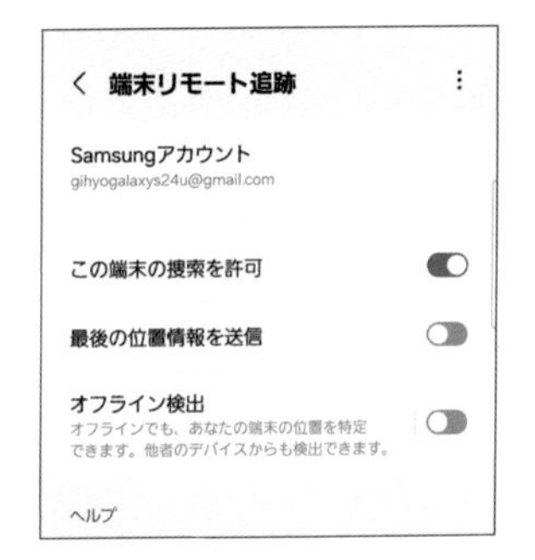

MEMO **端末の追跡機能**

端末の追跡機能はGoogleも提供しており、Googleアカウントが設定してあれば、利用することができます。ここで紹介しているのは、サムスンが提供する端末追跡機能ですが、Googleのサービスより、端末にリモートで操作できる項目が多くなっています。

4 パソコンや別の端末のブラウザで、「https://smartthingsfind.samsung.com」を表示し、[サインイン]をクリックして、Samsungアカウントのメールアドレスを入力して、[次へ]をクリックします。

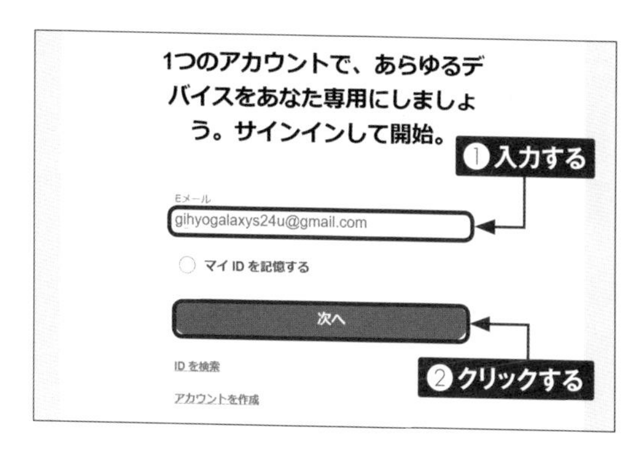

5 パスワードを入力し、[サインイン]をクリックします。次の画面で[続行]をクリックします。

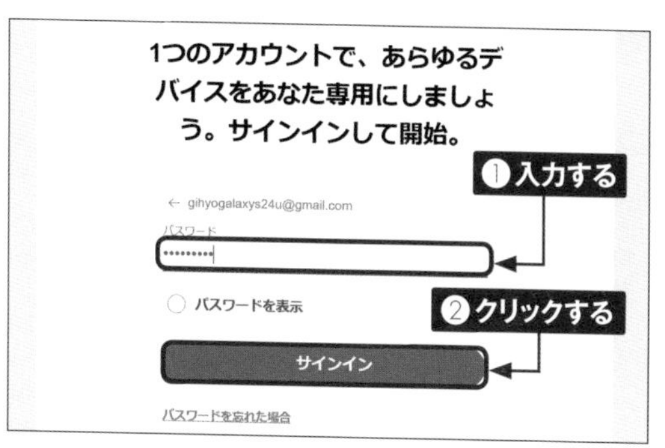

6 端末の場所が表示され、右側のウィンドウから様々な操作を行うことができます。

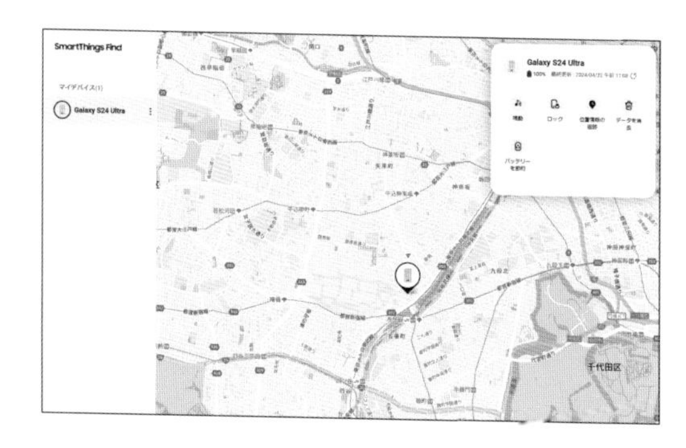

端末リモート追跡の機能

Samsungアカウントでの端末リモート追跡では、Googleアカウントでも可能な「音を鳴らす」「端末のロック」「データ消去」のほかに、「15分ごとの位置情報の追跡」「バッテリーの節約」などができます。

6

Section 68

Wi-Fiテザリングを利用する

Wi-Fiテザリングは、最大10台までのゲーム機などを、S24/S24 Ultraを経由してインターネットに接続できる機能です。auでは、povo 2.0以外の契約の場合、利用には申し込みが必要です。

Wi-Fiテザリングを設定する

1 「設定」アプリを起動し、[接続]をタップします。

2 [テザリング]をタップします。

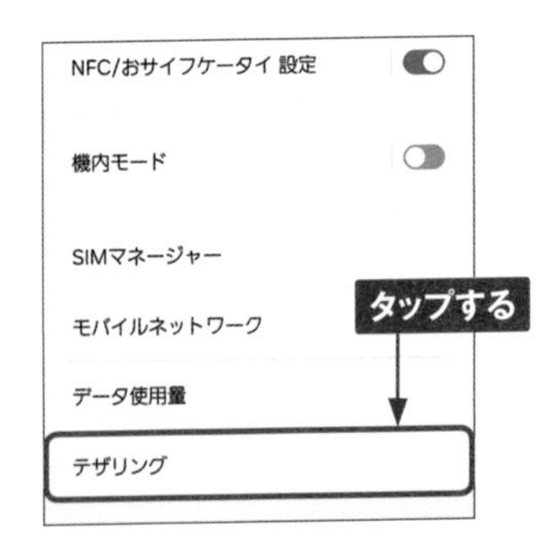

3 [Wi-Fiテザリング]をタップします。

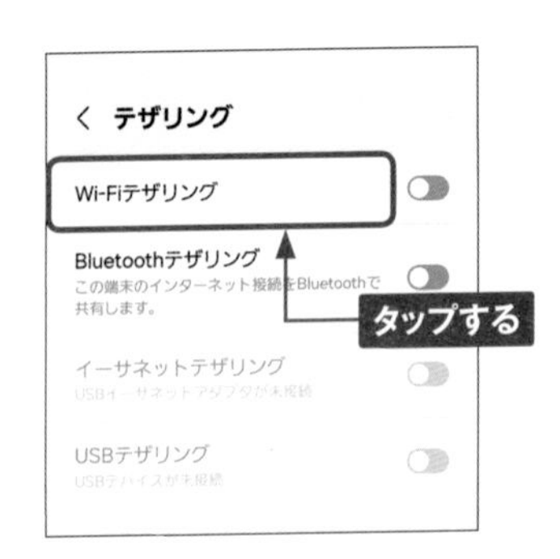

4 標準のSSIDとパスワードが設定されていますが、これを変更しておきましょう。[ネットワーク名]をタップします。

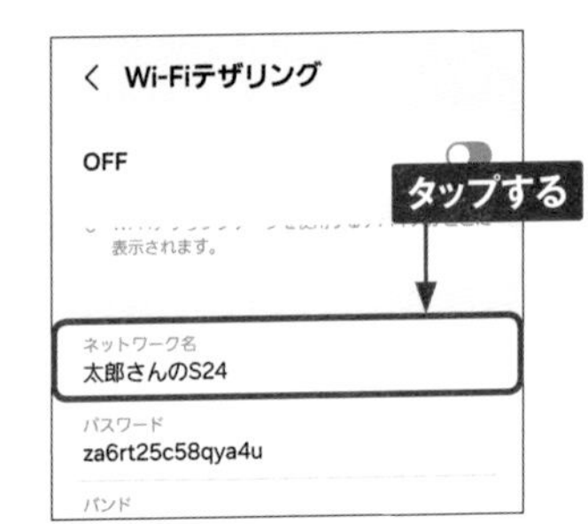

5 新しいネットワーク名を入力し、[セキュリティ] をタップします。

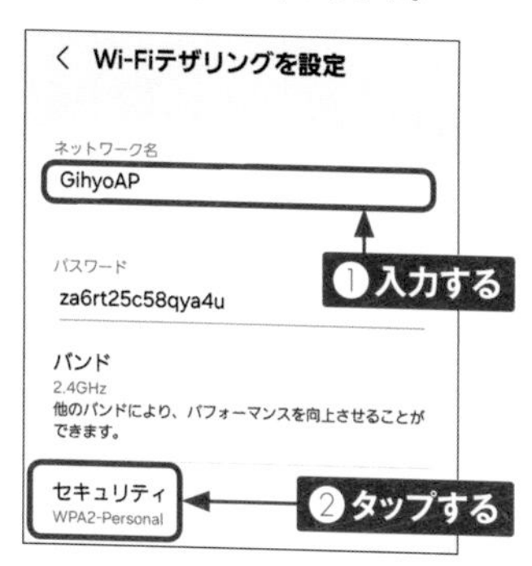

6 セキュリティをタップして選択します。

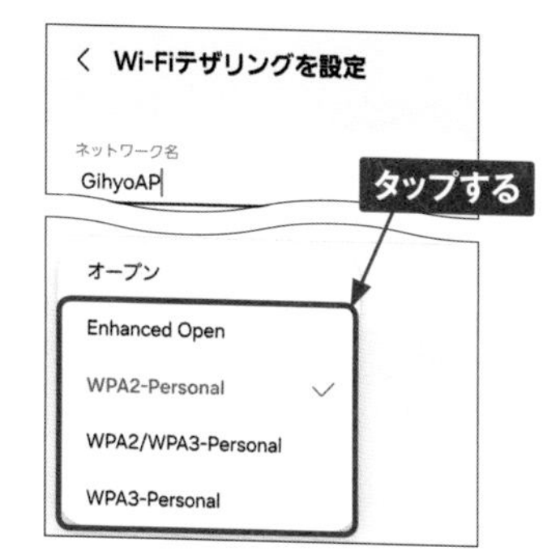

7 [パスワード] をタップします。

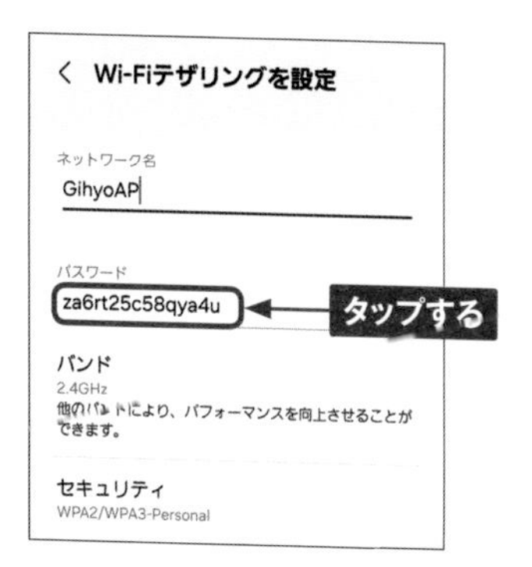

8 新しいパスワードを入力して、[保存] をタップします。

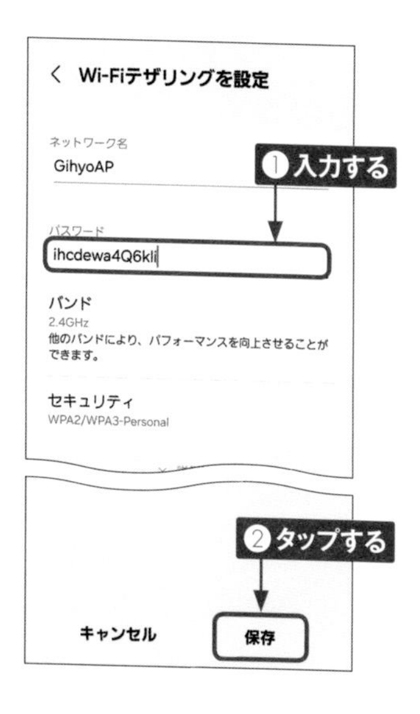

9 [OFF] をタップして [ON] にすると、Wi-Fiテザリングが利用できます。他の機器から、設定した接続情報を利用して接続します。

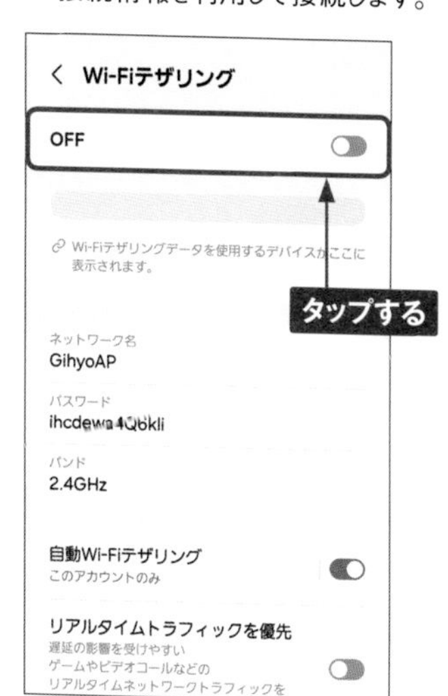

Section 69

リセット・初期化する

S24/S24 Ultraの動作が不安定なときは、工場出荷状態に初期化すると回復する可能性があります。また、中古で販売する際にも、初期化して、データをすべて削除しておきましょう。

工場出荷状態に初期化する

① 「設定」アプリを起動し、[一般管理]→[リセット]をタップします。

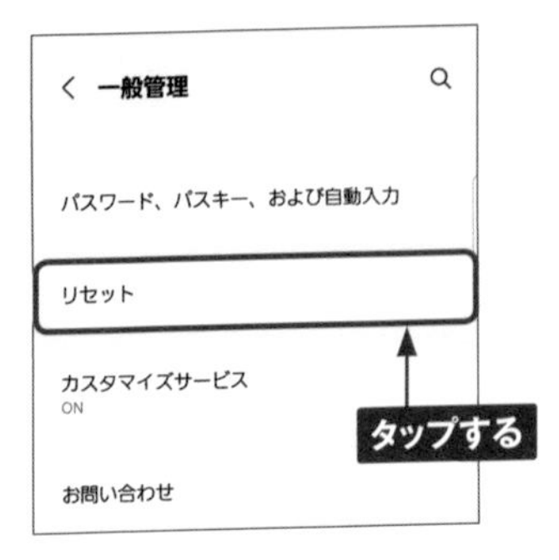

② [デバイス全体の初期化]をタップします。これによってすべてのデータや自分でインストールしたアプリが消去されるので、注意してください。

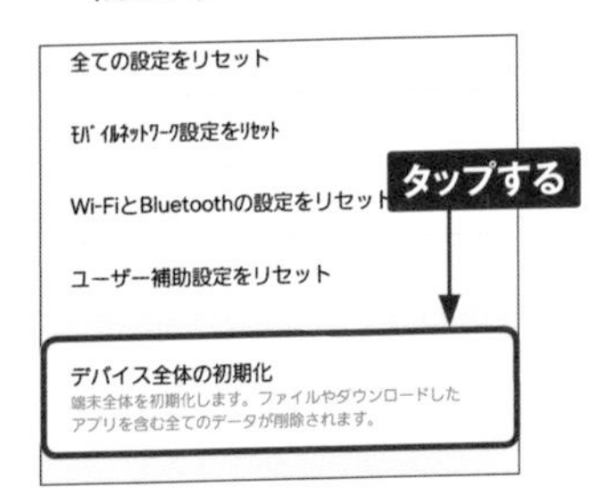

③ 画面下部の[リセット]をタップします。画面ロックにセキュリティを設定している場合は、ロック解除の画面が表示されます。

④ [全て削除]をタップすると、初期化が始まります。なお、Samsungアカウントを設定している場合は、パスワードの入力が必要です。

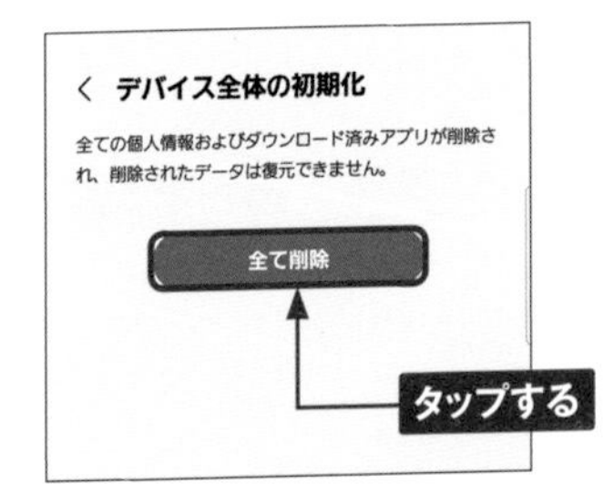

Section 70

本体ソフトウェアを更新する

本体のソフトウェアはセキュリティ向上のためなど、都度に更新が配信されます。Wi-Fi接続時であれば、標準で自動的にダウンロードされますが、手動で確認することもできます。

ソフトウェア更新を確認する

1 「設定」アプリを起動し、[ソフトウェア更新] をタップします。

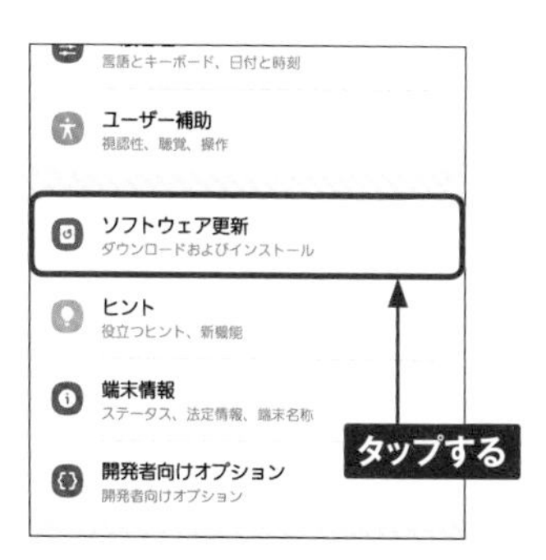

2 手動で更新を確認、ダウンロードする場合は、[ダウンロードおよびインストール] をタップします。

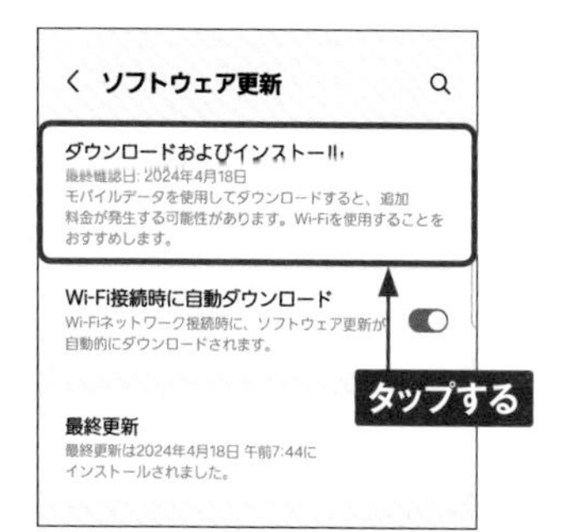

3 更新の確認が行われます。

4 更新がない場合は、このように表示されます。アップデートがある場合は、画面の指示に従って更新します。

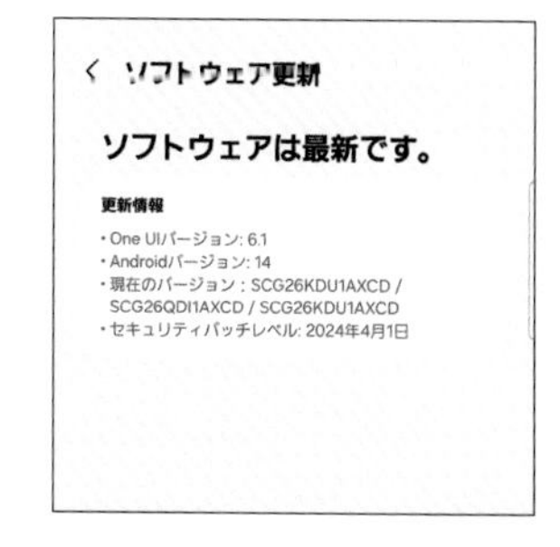

6

索引

さ行

た行

な行

は行

ま行

ら・わ行

お問い合わせについて

本書に関するご質問については、本書に記載されている内容に関するもののみとさせていただきます。本書の内容と関係のないご質問につきましては、一切お答えできませんので、あらかじめご了承ください。また、電話でのご質問は受け付けておりませんので、必ずFAX か書面にて下記までお送りください。
なお、ご質問の際には、必ず以下の項目を明記していただきますようお願いいたします。

1 お名前
2 返信先の住所または FAX 番号
3 書名
（ゼロからはじめる Galaxy S24 ／ S24 Ultra スマートガイド
［ドコモ／ au ／ SIM フリー対応版］）
4 本書の該当ページ
5 ご使用のソフトウェアのバージョン
6 ご質問内容

なお、お送りいただいたご質問には、できる限り迅速にお答えできるよう努力いたしておりますが、場合によってはお答えするまでに時間がかかることがあります。また、回答の期日をご指定なさっても、ご希望にお応えできるとは限りません。あらかじめご了承くださいますよう、お願いいたします。ご質問の際に記載いただきました個人情報は、回答後速やかに破棄させていただきます。

■ お問い合わせの例

FAX

1 お名前
技術　太郎

2 返信先の住所または FAX 番号
03-XXXX-XXXX

3 書名
ゼロからはじめる
Galaxy S24 ／ S24 Ultra
スマートガイド
［ドコモ／ au ／ SIM フリー
対応版］

4 本書の該当ページ
40 ページ

5 ご使用のソフトウェアのバージョン
Android 13

6 ご質問内容
手順3の画面が表示されない

お問い合わせ先

〒 162-0846
東京都新宿区市谷左内町 21-13
株式会社技術評論社　書籍編集部
「ゼロからはじめる Galaxy S24 ／ S24 Ultra スマートガイド ［ドコモ／ au ／ SIM フリー対応版］」質問係
FAX 番号　03-3513-6167
URL：https://book.gihyo.jp/116/

ゼロからはじめる Galaxy S24 ／ S24 Ultra　スマートガイド ［ドコモ／ au ／ SIM フリー対応版］

2024 年 6 月 14 日　初版　第 1 刷発行

著者……技術評論社編集部
発行者……片岡　巌
発行所……株式会社　技術評論社
東京都新宿区市谷左内町 21-13
電話……03-3513-6150　販売促進部
03-3513-6160　書籍編集部
編集……宮崎　主哉
装丁……菊池　祐（ライラック）
本文デザイン・DTP……リンクアップ
製本／印刷……図書印刷株式会社

定価はカバーに表示してあります。

ISBN978-4-297-14251-3 C3055

Printed in Japan